食雕与围盘 I

甘智荣　编著

四川出版集团·四川科学技术出版社

·成都·

精雕细琢的指尖艺术

在博大精深的中国传统饮食文化里，"色"、"香"、"味"、"意"、"形"的协调一致、完美融合是烹饪的最高境界。而真正的中华美食，不仅仅追求"色"、"香"、"味"俱全，还讲究视觉美感，注重氛围情趣。食品雕刻与围边正是中国烹饪艺术在"意"与"形"上的完美补充。

中国食品雕刻历史久远。战国时期的"雕卵"被认为是最早的食品雕刻的雏形。至隋唐，在酥酪、脂油上进行的雕镂成为食品雕刻的重大发展，再到宋代的席上雕刻风尚、清代宫廷里"吃一、看二、观三"的讲究，食品雕刻与围边日益成为宴席上夺目的配角。

对原料的充分认识，对刀法的灵活运用，以及将绘画技艺、文化底蕴、丰富想象力的充分糅合，无不表明，食品雕刻与围边是一门创作艺术。萝卜、黄瓜、白菜、南瓜……这些最最普通的食材，转眼间便被雕刻成一朵精致娇艳的花，或者一条栩栩如生的鱼，甚至变身为画面完整、构图巧妙的瓜盅、瓜灯……它们带着"花开富贵"、"年年有余"、"福禄寿喜"等美好的寓意，不仅装饰了美食，也渲染了宴会气氛。

本书从简易生动的料花、花卉雕刻入手，深入到精妙逼真的器物雕刻；以花草树木为主题的围边，展现"一枝独秀"的生趣盎然、"红蕖照水"的娇艳明媚；还有食雕与围盘的巧妙组合，令瓷盘上情趣盎然，风光无限……这些创新独到的案例，步骤详尽，完整图解，使初学者易学易做，也可以使专业人士提升技能，获得创意提点。

"昆刀善刻琅环青，仙翁对弈辨毫发，美人徒倚何娉婷。石壁山兔岩入雾，涧水松风似可听……"学习食品雕刻与围盘技艺，在精雕细琢中领悟中华饮食的传世精髓吧！

目录 CONTENTS

第一章 食品雕刻与围盘基本技法
Food Carving and Garnishing Craft

第二章 栩栩如生的食品雕刻
The Art of Food Carving

第三章 美轮美奂的围盘

The Fascinating Food Garnishing Craft

第四章 食雕与围盘组合

Collection of Food Carving and Garnishing Works

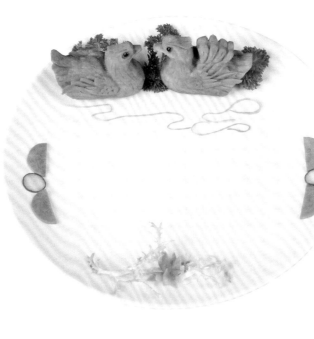

ONE

食品雕刻
与围盘基本技法

Food Carving and Garnishing Craft

食品雕刻与围盘是通过各种工具把原料雕刻成平面或立体的物象的方法。因雕刻手法多样，并与艺术创作相结合，所以作品造型丰富、寓意吉祥。同时也可根据宴席的性质，灵活制作与之相关的雕刻作品，从而衬托宴席氛围，起到画龙点睛的作用。本章主要介绍食品雕刻与围盘的基本技法。

常用工具

食品雕刻与围盘的工具品种较多，少的一套十余件，多的一套有数十件，其品种、规格也各不相同，没有统一的标准。以下介绍常用的工具。

砍刀：主要用于砍去外皮和多余的大料。

片刀：也称切刀，常用于雕刻中的大料改小，也用于组合拼接。

手刀：也称平口刀或二号平口刀，刀刃呈尖形，雕刻过程的大部分工作是靠它来完成的，是所有刀具中应用最频繁的一种。手刀的长度以右手握住刀柄后，将拇指伸直，刀刃长度和拇指长度相当为宜。

刻刀：又称尖刀、主刀，在雕刻过程中的用途最为广泛，主要用于刻、切、旋、削等（图1）。

U形戳刀：刀口形似"U"字，在雕刻中用途广泛，主要用于戳刀法，有大、中、小号之分（图2）。

V形戳刀：刀口形似"V"字，在雕刻中用途广泛，主要用于戳刀法，有大、中、小号之分（图3）。

方形戳刀：也称口形戳刀，主要用于戳刀法，在雕刻过程中用于戳刻平底的沟槽，有大、中、小号之分。

圆孔刀：刀形如小圆管，主要用于戳某些圆孔、圆洞等。

V形线刀：主要用于刻画线条，有时可代替V形戳刀使用（图4）。

圆形线刀：主要用于刻画圆弧状线条，有时可代替U形戳刀使用。

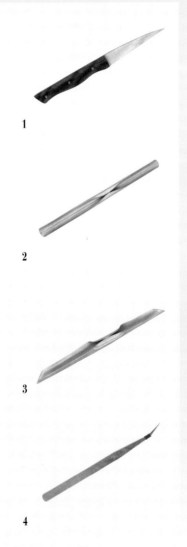

1

2

3

4

方形线刀：也称口形线刀，主要用于刻画方形线条，有时可代替方形戳刀使用（图5）。

波浪形花刀：一侧有刀刃，刀刃呈波浪形，可用于削黄瓜等脆性原料，切过的刀纹呈波浪形（图6）。

圆口刀：两头均有刀刃，刀刃呈圆形，一头圆刀刃直径0.2厘米，一头圆刀刃直径0.4厘米，用于雕刻瓜果的圆形图案。

半方口刀：两头均有刀刃，刀刃呈半方形，用于雕刻瓜果的凹线条。

勺口刀：一头有刀刃，刀刃呈勺口状，呈椭圆形，用于挖削果肉内瓤或花瓣。

挖球刀：形似汤匙，是制作球形、器皿的专用工具（图7）。

套环刀：主要用于制作套环及装饰线等（图8）。

刨片器：一种专门用来把原料加工成片的工具。

模具：造型各异，是平面制作的主要工具。有鸡心形、梅花形、蝴蝶模、金鱼模、青蛙模、兔模、秋叶模、鹦鹉模、桃模、螃蟹模等。

镊子：主要用于夹持小的原料并进行粘接，或夹取小的原料。

圆规：用于在原料表面画圆或等分距离（图9）。

简易画圆器：可用大头钉和线绳自制，用来画大圆的工具，根据所要画圆的半径截取线绳的长短。

水磨砂纸：主要用于打磨原料表面，使其更加光滑。

竹签：用来连接和加固大型食雕原料，可自制，也可用毛衣针或铁针代替。

竹牙签：用来连接和加固小型食雕原料。

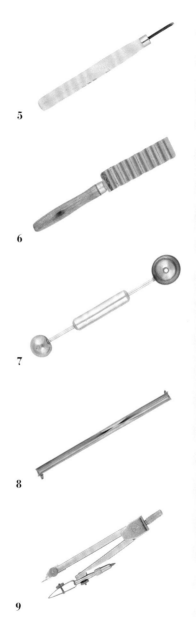

5

6

7

8

9

🌸 基本执刀法

在食品雕刻过程中，只有执刀的姿势随着作品形态的变化而变化，作品才能表现出预期的效果，符合主题的要求。所以，只有掌握了准确的执刀方法，才能运用各种刀法雕刻出好的作品。

直握法

右手握刀，四指直握刀柄，将刀刃垂直，拇指紧贴刀刃后侧。运刀时左手握住原料，右手带动刀具左右移动，修整原料表面。适用于加工原料表面光洁度及加工图形、弧形等（图1）。

横握法

右手握刀，四指横握刀柄，拇指置于刀刃下方并紧贴原料。运刀时四指带动刀具上下移动，拇指紧贴原料同时也跟着下移。适用于刻制毛坯、修整造型、片刻花瓣、去除余料等（图2）。

笔握法

右手握刀，拇指、食指和中指并拢握刀如笔，无名指贴向手心或贴于原料作支撑，运刀时刀具上下左右移动。适用于加工较精细的部位，如羽毛、鳞片、眼睛、枝叶和花卉等（图3）。

戳插法

与笔握法相似，用拇指、食指和中指捏住戳刀，无名指贴于原料作支撑，运刀时三指带动刀具前后运动。适用于戳孔、刻羽毛、刻花瓣等（图4）。

基本刀法

切

　　使用片刀进行操作，属于辅助刀法，用于将大块原料切小，如选料等。

刻

　　一般都是直刀，刻出的花瓣均为直瓣，为了使作品形态更逼真，必须与其他刀法相混合使用。

挖

　　用刀具嵌入原料，同时使需要去除的原料部分与整体分离，撬动刀具尾部使原料脱出，形成向内陷入孔、洞、沟的形体。

划

　　用刻线刀在原料表面划出浅痕，从而形成线条或文字等图形的刀法，一般用于皮肉颜色相差较大的瓜果表面。

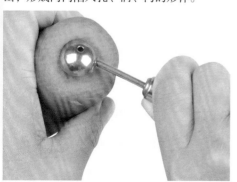

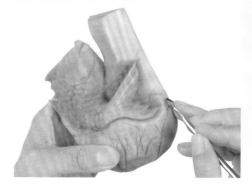

削

削是正式落刀雕刻前的初步加工。原料选好后，按照设计，用刀剥出整体轮廓，并分为正削（向外）和反削（向内）。

旋

基本刀法，用途较广，动刀过程中，刀身按一定弧度转动，刻出的花瓣才会较为自然，分为反旋和下旋两种。

戳

用圆口刀或三角口凿刀在原料上戳出细条状的丝或者三角形的瓣，分为上戳和下戳两种。可用于刻花丝、花瓣和羽毛等。

铲

用弯刀一进一退徐徐推进。

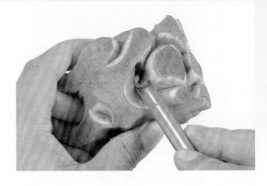

穿

用圆口刀或各种套筒旋转穿透原料的方法，是使食雕作品达到玲珑剔透不可缺少的方法。

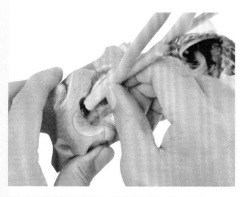

剔

在食雕作品成形的过程中，从原料内部用直刀或弯刀取小料的方法，工艺偏于精细，要注意保护成品。

综合刀法

长方块

原材料：青萝卜

工　具：片刀

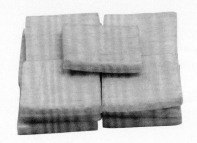

指长、宽、高各不相同的块。按原材料的性能，采用切或劈等刀法加工而成。

→操作方法

右手持刀，左手扶稳原料。先把原料周围不规则的部分切或劈掉，使原料整体呈长方块或长条。左手扶稳原料，将刀刃对准原料需切或劈的部位。根据原料的性能，采用切或劈的刀法，按规定的长度把原料切或劈成长方块。

→操作要领

一般均以右手握刀，握刀的部位要适合，大多用右手大拇指与食指捏住刀箍，以全手力量握住刀柄，握刀时手腕要灵活而有力，刀工操作主要依靠手腕的力量，左手控制原料要稳，右手落刀要准，两手才能紧密而有节奏地配合。

正方块

原材料: 胡萝卜

工 具: 片刀

指长、宽、厚相同的块,是菜肴原料中较大的一种形状。块的大小多取决于原料所切成的条的宽窄、厚薄。

→操作方法

将胡萝卜去皮,右手握刀,左手扶住原料。将胡萝卜四边削平,将原料切成有一定厚度的片,再将厚片切成粗条,然后将条切成正方块。如此反复,直到切完为止。

→操作要领

要使块的形状整齐,就要使所切的节和条宽窄一致、厚薄相同。下刀时,刀口的距离要一致。

条

原材料: 南瓜

工 具: 片刀

条有粗细之分,条的形状看上去就像是非常粗的丝。条的粗细主要是根据原料性质和烹调需要来定的。粗条又称手指条,直径约为 0.7 厘米,长约 5 厘米;细条又称筷子条,直径约为 0.5 厘米,长约 6 厘米。使用的刀法主要有直刀法中的切,如直切、推切、拉切、锯切,平刀法中的直片、推拉片,斜刀法中的正片刀、反片刀。

→操作方法

把原料片成规则的大片,把大片切成规则的长条,然后将长条切成约 5 厘米的短条。如此反复,直至切完为止。

→操作要领

根据原料的形状、大小,尽量使用原料的可用率大一些,所以在下刀前要计算一下,合理安排原料。此外,片的厚度要得当,下刀要准确,如果将原料片切得过厚再切条的话,条的形状就像厚片了。厚薄不一致,那么条的形状也得不到统一。

丝

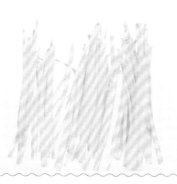

原材料：马铃薯

工　具：片刀

丝是菜肴原料中体积较小也较难切的形状。一般要先把原料切成薄片状，然后加工为丝。切丝时往往把若干片叠合，以加快速度，但要掌握加工技巧。

→操作方法

先把原料切成规则的形状，再把原料切成厚薄程度相同的片状。然后将薄片叠起，加工成丝。如此反复，直到切完为止。

→操作要领

切丝的片要厚薄均匀，切丝时要切得长短尽量一致，粗细必须均匀。切丝前，要将切好的片叠整齐，不要叠得太厚，否则切时就容易滑动。左手压料要压得紧些，使料不滑动，刀距要均匀。

丁

原材料：莴笋

工　具：片刀

丁是经厚片改条再制成形的。丁有多种形状，一般是方块状，其大小根据烹调方法的需要和原料性质、形状而定。丁的形状是用直刀法中的直切、推切、拉切加工成的。切丁的方法是先将原料切成厚片，再将片切成条，最后将条切成丁。

→操作方法

右手持刀，左手扶稳原料。把原料切成较厚的片，并将厚片加工成条，再把条切成丁。如此反复，切完为止。

→操作要领

切片时，要掌握片的厚度；片切成条时，要掌握条的整齐划一；最后切丁时，要掌握下刀的角度，下刀要直，刀口的距离要一致。

菱形片

原材料： 心里美萝卜

工 具： 片刀

先将材料切成大片再改成长条，然后采用斜刀将材料切成四边相等但互不垂直的片，即成菱形片，菱形片用途极为广泛。

→操作方法

左手扶稳原料，右手持刀，将原料切成大片，然后把大片切成长条。用斜刀把原料切成大菱形块。再把大菱形块切成薄而均匀的菱形片。

→操作要领

无论采用切或批的刀法，都要保持力度一致，持刀要平衡。切的时候要保持刀刃垂直；批的时候要保持刀面与砧板面平行。此外，左手按原料要稳，用力要适中，用力过大会使刀刃无法推切原料，用力过小容易使原料滑动。

月牙片

原材料： 青瓜

工 具： 片刀

弧度小，呈半圆形，似月牙的片称为月牙片。片是烹调中用得最多的一种刀工形状，是用直刀法的切或平刀法的批加工完成的。脆性原料用切，韧性原料用批。月牙片大多使用圆柱形、球形体的原料制成，如藕、青瓜、马铃薯、莴笋等。

→操作方法

右手持刀，左手扶稳原料。先将圆形或长圆形的整体原料切为两半，然后再顶刀切成厚薄相同的直径约 2 厘米、厚约 0.2 厘米的半圆形片。如此反复，直到原料全部加工为月牙片为止。

→操作要领

片有不同的大小和厚薄，主要是根据原料品种来确定片的形状、厚薄和大小。

梳子片

原材料: 苦瓜
工 具: 片刀

外形似头梳而得名。一般认为梳子片指片的一边切丝,另一边不切断,形似梳背。片的形状有多种,由于原料不同、制法不同,因此片的成型也就有所不同。去瓤的瓜类适合用来加工梳子片,一般长约3.5厘米,宽约1.5厘米,厚约0.2厘米。

→操作方法

右手持刀,左手扶稳原料。先将整体原料切为两半,并去除内瓤,然后再顶刀切成厚薄相同的半圆形片。如此反复加工,直至把原料全部加工成梳子片为止。

金钱片

原材料: 苦瓜
工 具: 片刀

因形似铜钱故得名。片的再成型一般采用切、片、削三种刀法来完成。对于质地坚硬和形状较厚大的原料,可以采用切的方法,即将原料去除瓤、皮、筋、骨以后,先按所要切片形的大小和规格,将原料切成长形或长条,然后再切制成片。一般切成厚约1厘米,具体的厚薄要根据菜品原料特征来灵活掌握。

→操作方法

取原料中节部位,用U形刀将原料内部的瓤掏空,然后再顶刀切成厚薄相同的圆形片。如此反复,直至原料全部加工成金钱片为止。

连刀片

原材料: 茄子
工 具: 片刀

因在加工时以两片为一组故得名,又称蝴蝶片、双飞片。在菜肴制作中,经常会运用到此刀工形状。适用于加工脆性和韧性原料。

→操作方法

左手扶稳原料,右手持刀。将刀切进原料的五分之四时松刀。左手向左后方移动,随即将其切断。如此反复,直到切完为止。

→操作要领

根据原料的形体不同应灵活掌握加工刀法,遇到较厚的原料时可直接采用直刀法加工,而对于一些较薄的原料就采用斜刀法来完成,这样就可以增加原料的切剖面积,从而更好地满足菜肴形体需要。但不管采用哪一种刀法,加工都要求两片间的厚薄大小要均匀一致。

螺旋形

原材料: 青瓜
工 具: 片刀

螺旋形花刀的原料成型是采用主刀中的尖刀旋制而成的。多用于冷菜围边,也可用于拌制冷菜。主刀要窄而尖,原料转动要慢,旋丝要均匀用力,丝不宜过细,丝的长度可根据需要灵活掌握。适用于加工辣椒、青瓜、茄子等。

→操作方法

先将主刀斜架在原料上,进刀约1厘米。逆时针转动原料,使刀从左向右移动。再用刀尖插进原料一端,顺时针旋进,将原料芯柱旋开并剔除芯柱。最后用手拉开,即成螺旋丝。

→操作要领

根据成型形体的需要,灵活掌握加工出的丝的长短,像辣椒类的原料,因内部空间较大,要求用主刀或尖刀直接嵌入原料的一端,并保持一定的距离加工完成,同时去除内瓤便可。

兰花形

原材料： 葱

工 具： 片刀

兰花形是在四五厘米长的葱白两端分别划十字刀口，但两端不切通，并使之呈丝状，经水泡后自然卷曲。有时也只在葱白一端剞刀。不仅适用于冷热菜等的围边，还可用于冷热菜肴中作料头或点缀菜品。一般用于加工大葱、香葱、蒜薹、芥蓝菜梗等。

→操作方法

把葱切成均匀的节状。先在葱节的一端切出兰花的花瓣，再在另一端用同样的方法切出花瓣。直到原料剞完为止。

→操作要领

兰花形要求所切或剞的刀口应均匀一致且深浅相同，如果是用作于料头，特别是用于热菜中，应在菜品出锅前投放或待装盘后再放，这样有利于形体的完整性。

菊花形

原材料： 葱、红辣椒

工 具： 片刀、主刀

菊花形即在原材料的两端划出粗丝，两端丝纹散开似菊花花瓣。加工时刀距、刀纹深浅要均匀一致。

→操作方法

把葱切成均匀的节状。把准备好的红辣椒圈套在葱节上，再在葱节的一端用主刀刻出丝纹。刻好一端后，在另一端用同样的方法刻出丝纹，泡水即成菊花形。

→操作要领

此种形体还可以在葱、蒜等的一端用红辣椒圈好，在另一端切或剞上两组刀口，所切或剞的刀口应均匀一致且深浅相同，其作用、使用方法与兰花形相似，也可在加工后直接蘸佐料食用。

如何自学食品雕刻与围盘

食品雕刻与围盘技术绝不是一朝一夕就能驾轻就熟的，在学习过程中，不仅要加强雕刻刀法的训练。还要学习一些构图知识，具备一定的艺术素养，并且要在日常生活中逐渐掌握形象表达的能力，不断实践、总结经验，精益求精，才能真正掌握这门技艺。

由简入繁

从简单内容入手，循序渐进。学一样，会一样，精通一样。

培养兴趣

兴趣是最好的老师。不妨把食品雕刻与围边当做一种乐趣来享受，学练结合，学用结合。

持之以恒

学习任何东西，起步阶段是最困难的，食品雕刻与围边也是如此，如果能够坚持下去，持之以恒，成不骄，败不馁，一定能够雕刻出完美的作品来。

手脑并用

每次动手雕刻前，都要把所刻作品的外形特征、比例关系、下刀顺序、运刀方向等在心中反复揣摩几遍，手脑并用，做到胸有成竹，才能下刀准确，一气呵成。

化繁为简

要学会用几何法、比例法对所刻对象进行观察、剖析。所谓几何法，就是把鸟、兽、鱼、虫等动物的形体看做是最简单的几何图形（如球体、柱体、正方体、椭圆形、三角形、梯形等）组成在一起的结果；所谓比例法，就是将这些几何体的长、宽、高等指标用比例的关系确定下来。对初学者来讲，掌握几何法与比例法至关重要，它能使初学者抓住要点，使得看起来无从下手、无章可循的果蔬雕刻变得简单好学。

把握重点

对一些有代表性的重点内容，一定要花大力气搞懂弄通，练会练精。

练习素描，夯实基础

学习一些美术知识，平时多练素描，培养高雅的审美情趣。

虚心好学

要虚心认真，多向别人学习。即使别人的技术水平不如你，但也一定有值得借鉴的地方。同时要向其他艺术门类学习，如剪纸、木雕、园林雕塑、插花等，不断提升自己的艺术修养。

栩栩如生的食品雕刻

The Art of Food Carving

食品雕刻是中国一项优秀的文化遗产，也是中华文化百花园中的一枝奇葩。它以秀丽端庄的东方特色，被誉为世界烹饪文化的瑰宝。本章精选了二十六个食雕案例，涉及花卉、鸟类、鱼类、昆虫、兽类、器物、简单瓜盅和瓜灯等各种类型，雕刻步骤分步详细教学，图文对应，使读者能更快速地掌握食雕技巧。

料花雕刻

　　料花雕刻又称为平雕，是雕刻中最基础、最简易的种类。料花雕刻分为模压料花雕刻和手工料花雕刻两大类。模压料花雕刻是用模具将原料压断，使留在模具内部（外部）的原料形成固定的实体模型的方式，常用于点缀和围边，如模压的玉兔、心形等。手工料花雕刻是指用各种雕刻工具把原料雕刻成各种形状，与模压料花雕刻相比，手工料花雕刻花的功夫要多些。

模压料花雕刻

大雁

原材料： 心里美萝卜1块（圆环形）

工 具： 模具、片刀

1

操作方法

①准备好萝卜和大雁模具。把模具放在萝卜上，右手持刀，刀膛紧贴在模具上。左手用力往下压刀膛使模具嵌入萝卜（图1）。

②把模具连同里面的大雁坯一起从萝卜里取出，再把大雁坯从模具中取出，稍作修整，即成（图2）。

2

简易花形

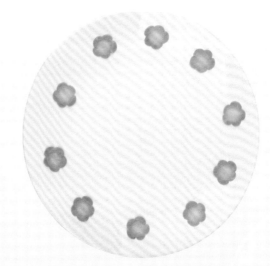

原材料： 南瓜 1 块

工 具： 片刀

操作方法

① 准备好南瓜和花朵模具。把模具放在南瓜上，右手持刀，刀膛紧贴在模具上。左手用力往下压刀膛，使模具嵌入南瓜。

② 把模具连同原料从南瓜里取出。再把原料从模具中取出，然后用平刀直片法把花朵块片成多片花朵。

手工料花雕刻

凤尾

原材料： 黄瓜

工 具： 片刀

操作方法

① 取一小节黄瓜，纵向剖开，呈月牙状；取黄瓜的五分之四部分。间隔均匀地削去若干条细皮后，左手将黄瓜横放在平面上，右手握住片刀，沿月牙的弧度直刀剖至月牙片的五分之四处，如此反复，切出若干一端相连、一端分散的薄片。

② 以每五片黄瓜片为一组，用片刀逐组切开。

③ 取每组黄瓜片中相互间隔的两片，向内弯曲至底部并插入底部的缝隙中，摆盘即成。

花卉雕刻的种类

根据在雕刻过程中所运用的刀法特点，花卉雕刻大致可分为戳刀花卉、直刀花卉和旋刀花卉三种。

戳刀花卉

主要是用各种型号的 U 形戳刀或 V 形戳刀戳出花瓣的具体形状，如大丽花的槽形花瓣或菊花的条形花瓣等。这类花卉制作比较简单，初学者应先从这类花卉入手，如油菜菊、白菜菊、萝卜菊、萝卜大丽花、萝卜睡莲花等。

雕刻时需注意每片花瓣的形状要整齐规矩、大小一致、厚薄均匀，每层花瓣的长度要一致，花瓣根部要粗些。

直刀花卉

将原料切成一定形状的大形坯子后，在大形坯子的棱上削去一条废料，再刻出一片花瓣，这种使用手刀用直刀法一刀一刀雕刻出来的花卉叫做直刀花卉。常见的直刀花卉有玉兰花、荷花、百合花等。

雕刻时需注意每片花瓣的形状要整齐规矩、大小一致、厚薄均匀。每片花瓣的尖部要薄，根部要厚。花瓣根部的废料要剔除干净。

旋刀花卉

在雕刻过程中，原料沿着轴线逆时针旋转，而手刀则沿顺时针方向切削花瓣（如果雕刻者是左撇子，则旋转方向相反），用此种刀法雕刻出来的花卉叫做旋刀花卉。

旋刀花卉雕刻时一般是从最外层花瓣旋起，旋出一片花瓣，剔下一块废料，再旋一片花瓣，再剔一块废料，直至收心。相邻两片花瓣要略有重叠。其特点是形象逼真，色彩艳丽，花形端庄华美，深受人们喜爱。牡丹花、月季花、山茶花、玫瑰花等均属于这类花卉。旋刀花卉的雕刻难度比前两种大。

此外，有几种花卉同时用到了上面介绍的刀法，如第一层用直刀法，从第二层开始运用旋刀法或戳刀法。

花卉雕刻的基本步骤

选料： 根据所雕花卉的特点，选择合适的原料。

下料： 根据所雕花卉的造型特点和尺寸，选择原料合适的部位并切取原料。

切坯： 切坯也称切大形，根据所雕花卉的造型特点和尺寸，将不规则的原料切成大概的形状，
如牡丹花、月季花、玫瑰花等的坯子切成半圆球形，百合花等的坯子切成长圆台形。

刻瓣： 根据所雕花卉的造型特点，由外至里或由里至外逐层雕刻出花瓣。

收心： 根据所雕花卉的造型特点，雕刻出花心。

整形： 对已雕刻成形的花卉做进一步修整，使花瓣大小一致、薄厚均匀、总体造型美观。

花卉雕刻的要点

① 选料要符合所雕花卉的大小和造型特点。

② 选择合适的刀具，刀的大小和形状要适当，使用起来要
顺手，刀具要磨快。

③ 从易到难，从简单的花卉开始练起，逐渐增加难度。先
从雕刻菊花、大丽花开始学起，再学雕刻牡丹花、月季花等。

④ 学习花卉雕刻既要动手又要动脑，多观察、多比较，要
抓住每种花卉花瓣的特征。比如，月季花瓣是圆的，牡丹花
瓣是齿状的，睡莲花瓣是两头尖、中间宽的槽状的，菊花花
瓣是略带弯曲的细条状的。

⑤ 掌握好"四度"，即尺度、角度、深度、厚度。

尺度是指花卉的总体尺寸、花瓣的尺寸比例和花心的尺
寸比例。

角度是指花瓣层与层之间的角度，如第一层花瓣与第二层花瓣之间的角度、第二层花瓣
与第三层花瓣之间的角度等。角度大，花瓣的层数就少；角度小，花瓣的层数就多。不管是
什么花，其层与层之间的角度都应该是一致的。

深度是指剔废料或刻花瓣时下刀的深浅。下刀的深浅会直接影响花瓣的长短和花心的大
小。以雕刻牡丹花或月季花为例，如果在剔废料或刻花瓣时下刀较深，则花瓣较长且花心较小；
如果下刀较浅，则花瓣较短且花心较大。

厚度是指花瓣的厚度，不论雕刻哪一种花（菊花和野菊花除外），花瓣均应薄厚均匀、
光滑平整、形状规矩，且边缘稍薄，根部稍厚。如果花瓣边缘太厚，会显得笨重，不好看；
如果花瓣根部太薄，花瓣又会太软，挺不住形。

旋风菊

原材料: 心里美萝卜1个

工 具: 主刀、小号U形戳刀

操作方法

① 将心里美萝卜用主刀旋去皮（底部需留一小部分皮）（图1）。

② 用主刀将去皮后的萝卜削成头大底略小的圆滑的花坯（图2）。

③ 左手大拇指与其他四指分别按住花坯顶部与底部，右手用小号U形戳刀在花坯的球面上斜戳出一条条细花瓣丝。为营造出"旋风"的效果，右手戳花瓣时需左手不时地旋转花坯，形成螺旋状。当刀戳至花瓣根部时，要刻意向外翘一点，使花瓣能向外略张开，形成第一层花瓣（图3、4）。

④ 用主刀将第一层花瓣之外的余料剔去，修整光滑；再以刀尖部分剔去花瓣根部的余料，修出第二层花坯。在第二层花坯的表面按戳第一层花瓣的方法戳出第二层花瓣。然后剔除余料，修整出第三层花坯。按此方法，反复戳出多层花瓣，至收心即可（图5）。

⑤ 最后将所有的花瓣朝同一方向梳理一下，整体成型装盘（图6）。

操作要领

戳刀应锋利，槽略深些。每片花瓣的根部要粗些，戳刀戳至根部时要向里压一些，以便使余料部分能轻松地拿下来。花坯大形从第三级开始逐渐变成球形，这样才能使花蕊部分呈现出抱心状。

应用范围

作盘饰、冷拼，也可插于花瓶中制作成花台。

白菊

原材料： 白菜 1 棵

工 具： 小号 U 形戳刀、主刀、切刀

操作方法

① 用切刀将白菜上部切掉，取带根的部分，将根部削平，制成花坯（图1）。

② 用戳刀在最外层的白菜帮外部戳出细长的菊花花瓣，剔除余料，让花瓣向外延展（图2、3）。

③ 按此方法，戳出三四层菊花花瓣后，将余下的花坯切掉一节，用小号 U 形戳刀在白菜帮的里层戳出细长的菊花花瓣，剔除余料，让花瓣向内聚敛。按此方法，将白菜帮逐层雕刻成菊花花瓣，直至收心，将最里层的嫩叶保留，用周围雕刻好的花瓣掩映好即可（图4、5、6）。

④ 将刻好的菊花放入冷水中浸泡片刻，待花瓣吸水膨胀呈弯曲状时取出即可（图7）。

操作要领

> 每层花瓣的长度要一致，整体造型要匀称。成品在水中浸泡的时间不宜过长，否则会过度弯曲成球形。

应用范围

作盘饰、冷拼，也可插于花瓶中制作成花台。

1

2

3

4

5

6

7

大丽花

原材料：心里美萝卜1个

工　具：切刀、主刀、各种型号的U形戳刀

操作方法

①将心里美萝卜用切刀切去三分之一或二分之一，再用主刀将选用的萝卜旋去一部分皮（图1）。

②左手握住萝卜，右手用小号U形戳刀在心里美萝卜中心戳出一个圆形的花心，用主刀修整成卵形，剔去余料（图2）。

③先沿花心四周用小号U形戳刀戳掉一小圈废料后，在离花心3毫米左右的地方，再戳出一层花瓣来。沿着这层花瓣戳出一小圈废料，剔去余料（图3）。

④如此反复地戳出花瓣、戳掉废料、剔去余料，至戳出3~4层花瓣来为止（图4）。

⑤用主刀将心里美萝卜花瓣外的旋削掉几层，以方便雕刻（图5）。

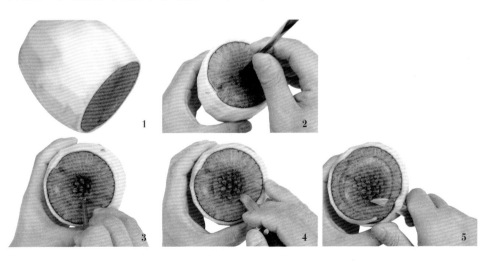

⑥ 改用中号 U 形戳刀和大号 U 形戳刀分别按上述方法再戳出几层花瓣来，尽量让下一层的花瓣略长于上一层花瓣（图 6、7、8）。

⑦ 用切刀将戳有大丽花的这节萝卜切下来，可略切得厚一点，以免切坏戳好的雕花（图 9）。

⑧ 左手圈住雕花萝卜，右手用主刀将雕花四周和底部的余料、废料剔除掉即可（图 10、11、12）。

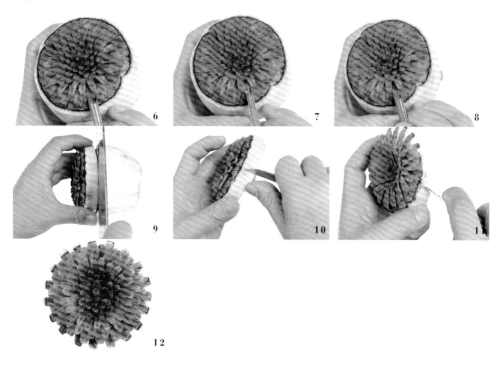

操作要领

刀口要锋利，花瓣要薄而均匀。第一层花瓣要短小、密些。

应用范围

作盘饰，也可插于花瓶中制作成花台。

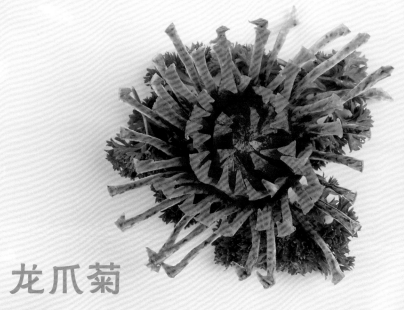

龙爪菊

原材料：心里美萝卜1个

工 具：切刀、主刀、小号深V形戳刀

操作方法

① 用切刀将心里美萝卜从中间切开，取其中一半，用主刀削去皮（底部需留皮少许），切成花坯（图1、2）。

② 用小号深V形戳刀将花坯从横切面戳向底部，直至戳出一圈花瓣丝，花瓣自成爪形。剔去废料，用主刀将花瓣下的余料剔除一圈，并将根部的余料修整光滑（图3、4）。

③ 依此方法，戳出第二层、第三层、第四层花瓣，直至收心即可（图5、6）。

操作要领

每戳完一层花瓣便将花坯顶部用主刀切下一小层，可让花瓣更有层次感。

应用范围

作盘饰、冷拼，也可插于花瓶中制作成花台。

长寿花

原材料： 胡萝卜1节

工　具： 大号U形戳刀、主刀

操作方法

① 取一节粗壮的胡萝卜，用主刀将横切面剔光滑，制成花坯。用大号U形戳刀在胡萝卜的中心处戳出一个小圆球形的花蕊。用主刀旋去花蕊外边的一圈余料，剔去废料（图1、2）。

② 用大号U形戳刀沿花蕊四周戳出四片花瓣来，剔去废料后，用主刀旋去花瓣下的一圈余料；再用大号U形戳刀在这一层花瓣下边的两两衔接处戳出四片花瓣来，剔去废料（图3、4、5）。

③ 用主刀小心地将刻好的花朵从花坯上旋切下来，略作装饰即可（图6、7）。

操作要领

每层花瓣的长度要一致，整体造型要匀称。

应用范围

作盘饰、冷拼。

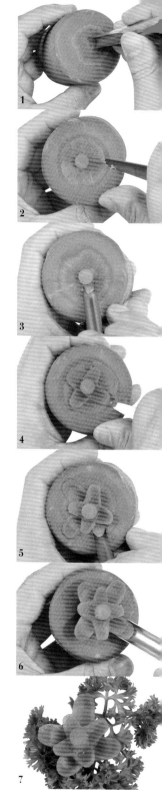

太阳花

原材料： 心里美萝卜半个

工　具： 主刀、小号、中号 U 形戳刀

操作方法

① 用主刀削去心里美萝卜的皮，旋削掉底部，修整光滑，制成花坯（图 1、2）。

② 在花坯中心，用小号 U 形戳刀旋戳出一个约 2 毫米厚的圆形花蕊，并用主刀旋去花蕊四周的一圈余料，剔除废料（图 3）。

③ 用小号 U 形戳刀在花蕊四周的花坯上由上向下戳出一圈花瓣，剔去废料，用主刀旋去第一层花瓣下的一圈余料（图 4、5、6）。

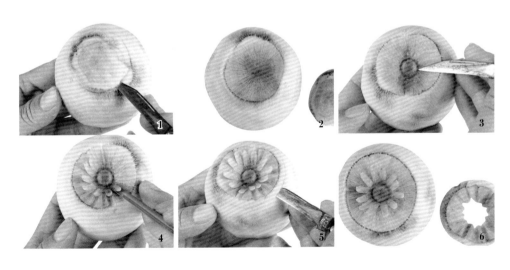

④依此方法，戳出若干层花瓣，直至最后一层，剔去余料，即成太阳花（图7、8）。

⑤将刻好的太阳花放入清水中浸泡片刻，取出沥水即可（图9）。

操作要领

剔除每一层废料时，一定要将废料剔至花瓣根部，使花瓣完全露出来。

应用范围

作盘饰，也可插干花瓶中制作成花台。

西番莲

1

2

3

4

5

原材料： 心里美萝卜（圆形）1个

工　具： 切刀、主刀、各种型号的 V 形戳刀、中号 U 形戳刀

操作方法

① 将心里美萝卜用切刀在距离根头（萝卜根上着生茎叶的部分）四分之一处下刀切掉，用主刀片掉所有的皮，将根顶部削平，底部截面修平整，并用主刀将萝卜略作修整，呈"窝窝头"形，制成花坯（图 1）。

② 用中号 U 形戳刀在花坯顶部中心处，用戳插法旋戳出一个高度约为 5 毫米的圆柱，作为西番莲的花蕊，剔去废料。用小号 V 形戳刀以戳插的方式沿花蕊四周均匀地戳出一层花瓣来，剔掉余料，修整成第一层花瓣。依此方法，用中号 V 形戳刀戳出 2~3 层花瓣来；再用大号 V 形戳刀戳出 2~3 层花瓣来，最后一层花瓣的深度要深至花坯中心（图 2、3、4）。

③ 用主刀将各层花瓣的深度修整均匀，剔去余料，取下底座，放入清水中，浸泡片刻，取出沥水即可（图 5）。

操作要领

戳刀的方向从上向下，花瓣厚度、深度需保持一致，使用大号戳刀时，倾斜度不可过大。第一层花瓣要短小、密些。

应用范围

作盘饰，也可插于花瓶中制作成花台。

🌸 食品雕刻的概念

食品雕刻就是利用专用的刀具，采用特殊的刀法，将新鲜卫生的蔬菜、水果、琼脂、黄油等各种具备雕刻性能的可食性原料雕刻加工成形状美观、栩栩如生、寓意吉祥且具有观赏价值的"工艺"作品（如花、鸟、鱼、兽及人物等）的操作过程。

食品雕刻用于烹饪中，体现了厨师高超的技艺与巧思，能够美化菜肴、装点宴席，以及烘托用餐或宴会氛围，又被称为"具有特殊用途的艺术品"，与工艺美术中的玉雕、石雕一样，是一门充满诗情画意的艺术，至今被外国朋友赞誉为"中国厨师的绝技""东方饮食艺术的明珠"。

🌸 食品雕刻的历史

食品雕刻发源于中国。南朝梁宗懔《荆楚岁时记》："寒食……镂鸡子。"隋杜公瞻注："古之豪家，食称画卵。"《管子》曰："雕卵熟斩之。""雕卵"即在蛋上进行雕画，这可能是世界上最早的食品雕刻。至隋唐时，出现了在酥酪、脂油上进行的雕镂。宋代，席上雕刻食品成为风尚，用来雕刻的原料多为果品、姜、笋制成的蜜饯，造型为千姿百态的鸟兽虫鱼与亭台楼阁。古代食品雕刻虽然反映了贵族官僚生活豪奢，但也表现了当时厨师手艺的精妙。宋代还有诗作赞扬州的瓜雕："红厨朱生称绝能，昆刀善刻琅环青，仙翁对弈辨毫发，美人徒倚何娉婷。石壁山兔岩入雾，涧水松风似可听……"诗中淋漓尽致地表现了食品雕刻

29

精美的刻工与立意的新奇，由此可见当时的食品雕刻已经达到了相当精美的程度。至清代乾、嘉年间，扬州席上，厨师雕有"西瓜灯"，专供欣赏，不供食用；北京中秋赏月时，往往雕西瓜为莲瓣；此外更有雕为冬瓜盅、西瓜盅者。瓜灯首推淮扬，冬瓜盅以广东最为著名。瓜皮上雕有花纹，瓤内装有美味，赏瓜食馔，独具风味。清宫中的"吃一、看二、观三"，就有食品雕刻的内容，民间的各种祭祀中也有食品雕刻的踪影。

但食品雕刻的逐步发展还是近些年的事，各种形式的精美食雕作品已经相继出现了，使得食品雕刻工艺前进了一大步。1986 年，中国首次参加在法国巴黎举办的世界性烹饪大赛，就因美轮美奂的食品雕刻夺得金牌。

中国的食品雕刻对世界烹饪也颇有影响，日本及东南亚的一些国家和地区接受较早，目前十分风行。海外的中餐馆几乎是"每菜必有刻，每宴必有雕"。欧美一些国家也相继效仿，可谓千帆竞发，名扬海外。

食品雕刻的特点

原料可食用

常用的有大萝卜、心里美萝卜、黄瓜、冬瓜、南瓜、土豆、芋头、莴笋、西瓜、哈密瓜、苹果、橙子等。经过加工后，既是漂亮美观的艺术品，又是不可多得的美食。

主题明确

在题材选择上，多表现吉祥、美好或者是健康、轻松诙谐的内容，与宴席的主题（或菜肴的主题）相符，或能建立某种联系，使宴会的气氛和谐、融洽。

技能性强

由于原料水分大，质地脆嫩，要求雕刻者要做到刀法纯熟、技艺精湛、操作迅速快捷。

艺术性强

食品雕刻最主要的目的是装饰席面、美化菜肴，所以其作品应做到造型优美、形象生动、色调明快，使用餐者在品尝美味的同时，在视觉上和情感上都能得到美的享受。

展示时间短

只能一次性使用，不能重复利用和长期保存，必须现用现雕。

荷花

原材料：胡萝卜1节

工　具：主刀

操作方法

① 将胡萝卜去皮，削平底端，用主刀沿胡萝卜底部雕出荷花花瓣的形状，制成荷花花坯（图1）。

② 用主刀沿着花坯上的花瓣图案逐一削去花瓣四周的一层余料，直至凸出花瓣来，剔去废料。再在余下的花坯上用主刀刻出第二层花瓣，剔去余料和废料（图2、3）。

③ 将余下的花坯用主刀切去一部分，留下约1/3的花坯作莲篷（图4）。

④ 用主刀在莲篷表面均匀地划出斜十字刀花（图5、6）。

操作要领

同一层花瓣的大小要相同，厚度要一致。

应用范围

作盘饰，也可插于花瓶中制作成花台。

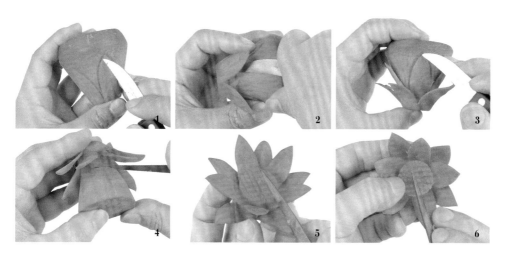

睡莲

原材料： 白洋葱1个、胡萝卜1节

工　具： 主刀、胶水

操作方法

① 将胡萝卜去皮，用主刀削成一个小梯形五边体（图1）。

② 用主刀在洋葱上用力刻出三组大小有别的睡莲花瓣的形状，每组五瓣（花瓣底部需划成横线），取出备用（图2、3、4）。

③用主刀在胡萝卜五边体的顶部横截面上划出斜十字刀花图案，在其每一个竖面的上部中间处各挖出一个长方形小槽，大小以刚好容得下最小的一组睡莲花瓣的底部为宜，剔去废料。在每一个长方形小槽中注入适量胶水，放入洋葱以便固定，直至粘好第一层花瓣（图5、6、7）。

④依此方法连接好中间一组和最大一组睡莲花瓣（图8、9）。

操作要领

　同一层花瓣的大小要相同，厚度要一致。

应用范围

作盘饰，也可插于花瓶中制作成花台。

黄兰花

原材料： 胡萝卜 1 节

工 具： 主刀

操作方法

① 将胡萝卜去皮，切成五边体的花坯（图1）。

② 用主刀分别在花坯的五个竖面上雕刻出花瓣的形状。用主刀沿花坯上的花瓣图案雕刻花瓣，至底部时略微向外拉、压，再逐步削去花瓣四周的一层余料，剔去废料（图2、3、4）。

③ 将余下的胡萝卜用主刀切成新的五边体花坯，并刻出第二层花瓣的形状，剔去余料和废料，雕刻出第二层花瓣。依此方法，刻出第三层、第四层花瓣，直至收心为止，即成（图5、6）。

操作要领

同一层花瓣的大小要相同。

应用范围

作盘饰，也可插干花瓶中制作成花台。

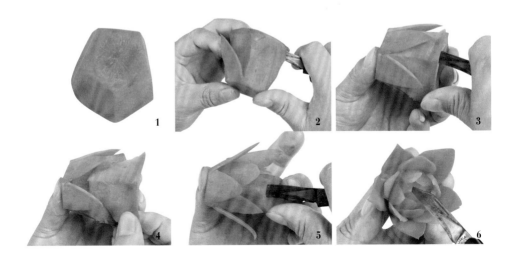

水仙

原材料： 蒜瓣1个、蒜苗1根

工 具： 主刀、牙签

操作方法

① 将蒜瓣去皮，用主刀将蒜瓣刻出两层花瓣，每层三片，制成水仙花，并在蒜瓣底部插入牙签（图1、2、3）。

② 用主刀将蒜苗叶略作修整，切去根部，制成尖叶形的水仙植株（图4）。

③ 将制好的"水仙花朵"插入蒜苗中即可（图5）。

操作要领

刀口应锋利，花瓣要薄而均匀。

应用范围

作盘饰。

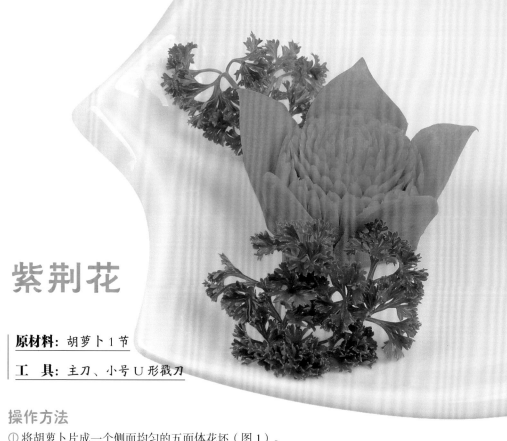

紫荆花

原材料： 胡萝卜1节

工　具： 主刀、小号U形戳刀

操作方法

① 将胡萝卜片成一个侧面均匀的五面体花坯（图1）。

② 在每个侧面上用主刀刻出尖桃形花瓣，逐渐片出花瓣，剔除废料，将未雕刻的花坯切掉一小段，高度略低于花瓣即可。最后将花瓣的尖顶部分略向外拉，即成最外层的一圈花瓣（图2、3、4、5、6）。

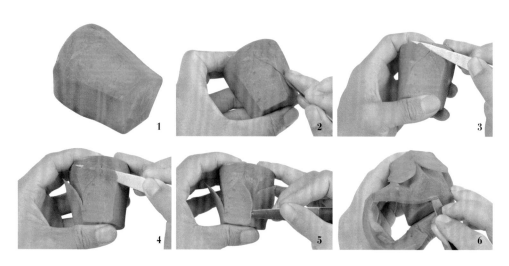

同一层花瓣的大小要相同，厚度要一致。

应用范围

作盘饰，也可插于花瓶中制作成花台。

③用主刀将花瓣里的花坯修整成窝窝头形，顶部要圆滑（图7、8、9、10）。

④将小号U形戳刀有弧度的一面向内，沿花坯形状戳出一圈条形花瓣，用主刀削去余料，将未雕刻的花坯修整光滑。依此方法，在花坯上从下往上戳出若干圈花瓣，且每一层的深度逐渐递减。直至花坯中心，修整光滑，收心即可（图11、12、13、14）。

⑤将雕刻好的紫荆花放入清水中，浸泡片刻，取出后摆盘，略作装饰即可（图15）。

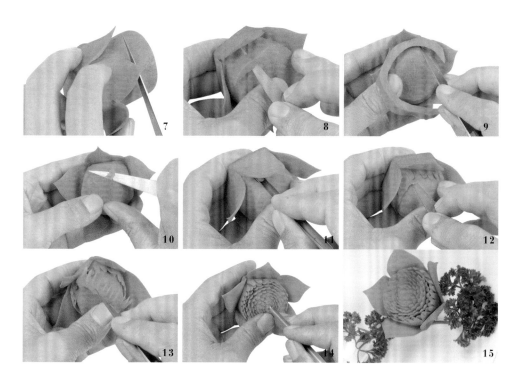

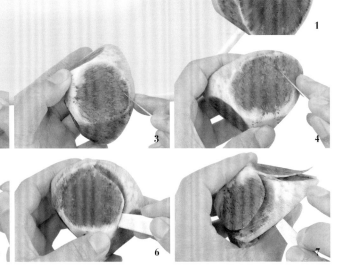

三角梅

原材料: 心里美萝卜半个

工 具: 主刀

操作方法

① 将心里美萝卜横切成两半,取其中一半,用主刀削去萝卜皮,修整圆滑,剔去废料和余料,将萝卜修整成碗状的花坯(图1)。

② 用主刀将花坯均分成三等分,切出三个剖面,并在每个剖面上刻出花瓣的形状(桃形)(图2、3、4)。

③ 沿着刻好的花瓣形状将花瓣片出,并用主刀剔去废料,向外雕出第一层花瓣(图5、6、7)。

1

2

3

4

5

6

7

每一层的花瓣位置应相互错开，不要对齐。各层花瓣的大小和形状要保持一致。

应用范围

作盘饰，也可插于花瓶中制作成花台。

④ 将余下的花坯用主刀旋掉一圈，修整均匀，并在花坯上均匀地刻出三片花瓣的形状（图8、9、10）。

⑤ 沿着刻好的花瓣形状将花瓣片出，并用主刀剔去废料，雕出第二层花瓣。按此法，向内雕出第三层、第四层花瓣，直至花心处（图11、12）。

⑥ 在花坯的中心处，用主刀旋刻出最里层的花瓣，剔去废料，将整个花坯修整光滑，即成（图13）。

⑦ 将雕刻好的花朵放入清水中浸泡片刻，取出沥干水分即可（图14）。

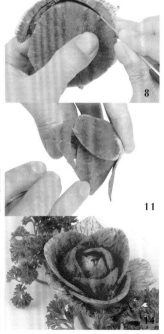

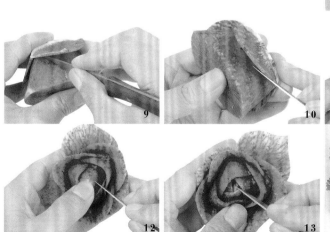

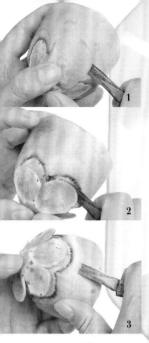

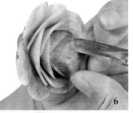

玫瑰花

原材料： 心里美萝卜1个

工 具： 主刀

操作方法

① 将心里美萝卜用切刀切掉根部约 1/4 块，取余下部分，将根头（萝卜根上着生茎叶的部分）削平，且要保持根部有一定厚度。用主刀沿根头先划出一圈花瓣的大致形状，并旋削掉外面的皮（图1）。

② 用主刀在被削掉皮的花坯上划出花瓣的细致形状，并旋刻出第一层花瓣，削去余料（图2、3）。

③ 依此方法，继续往上旋刻，依次刻出第二层的四片花瓣、第三层的三片花瓣，每刻一层都可先将花坯削掉一小节，再雕刻花瓣，直至花坯中心时，刻出花心部分（图4、5、6）。

④ 将中心的花坯切掉一部分，顶部修圆滑后，挖出一小块即成。然后将雕刻好的花朵放入清水中浸泡片刻，取出沥水即可（图7）。

操作要领

相邻花瓣要略有重叠，花瓣厚薄要均匀，边缘较薄，根部稍厚。

应用范围

作盘饰，也可插干花瓶中制作成花台。

白色马蹄莲

原材料: 白萝卜1节、胡萝卜1长节

工 具: 主刀、牙签

操作方法

① 取白萝卜一节,削去皮后,斜切掉一块,修整成马蹄莲形的花坯(图1)。

② 用主刀从花坯中间逐渐旋出马蹄莲的卵形轮廓,清除废料,并剔去花瓣轮廓外的余料,修整成马蹄莲花瓣状(图2、3、4)。

③ 取胡萝卜一长节,剖开,取一半,用主刀削成一根长锥形的细棍,修整光滑,制成马蹄莲的肉穗花蕊(图5、6)。

④ 取一根两头尖的牙签,一头戳进"花序"的底部,另一头戳进"花心"处,将两部分连结起来即成(图7)。

操作要领

花瓣略薄一点,不能太厚。

应用范围

作盘饰,也可插于花瓶中制作成花台。

1

2

3

4

5

6

7

月季花

原材料：心里美萝卜半个

工 具：主刀

操作方法

① 将切好的半个心里美萝卜用主刀旋切掉皮，并修整光滑，制成花坯（图1）。

② 在花坯上用主刀刻出五片花瓣，并旋削掉花瓣周围的余料，剔去废料，雕出第一层花瓣（图2、3、4、5、6）。

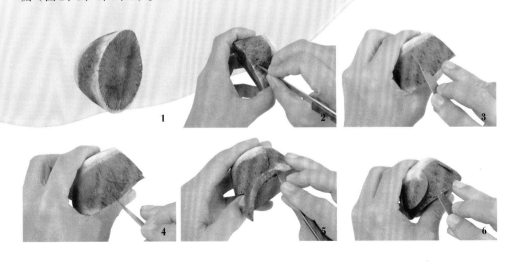

1　　　　　　　　2　　　　　　　　3

4　　　　　　　　5　　　　　　　　6

③将余下的花坯旋掉一圈，修整光滑。用主刀刀尖在花坯对应着第一层的两片花瓣之间的位置，刻出第二层花瓣中的第一片花瓣的轮廓后，从花瓣的一侧插入刀尖，旋转刀刃，旋刻出花瓣，剔去废料。继续在花坯上刻出第二片花瓣，削去余料，剔尽废料，刻出第二层的四片花瓣。依此方法，在花坯上逐渐向内刻出第三层的三片花瓣、第四层的三片花瓣，直至收心即可（图7、8、9、10）。

④最后将最外层的花瓣边缘用主刀略向外卷，其余层的花瓣则向内敛，作合抱状，修整成型后放入清水中浸泡片刻，沥水后装盘修饰即可（图11）。

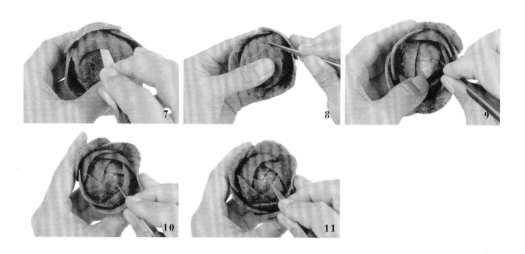

操作要领

相邻花瓣要略有重叠，以体现月季花"一瓣压一瓣"的特点。
花瓣要圆润整齐，厚薄均匀，边缘较薄，根部稍厚。

应用范围

作盘饰，也可插于花瓶中制作成花台。

食品雕刻的种类

食品雕刻可以用不同的方法来进行分类。从原料属性上分，可分为果蔬雕、琼脂雕、黄油雕、奶油雕等；从表现内容上分，可分为花卉雕、鸟兽雕、人物雕、器物雕等；从表现手法上分，可分为写意手法和写实手法；从表现形式上分，可分为薄面剪刻、刻雕、凹雕、浮雕、整雕、镂空雕、分雕整组、组合雕、突环雕等。下面主要从表现形式上加以详细介绍。

薄面剪刻

薄面剪刻又称为平雕、平面雕，是借鉴剪纸或刻纸的技法，把南瓜、黄瓜或者冬瓜皮、西瓜皮等食品雕刻原料刨切成很薄的片状，用剪刀或刻刀剪刻成简单的具有剪纸效果的平面图形。也可用模具来完成图形，如花鸟兽形及寓意吉祥的文字。其方法简单，出形迅速，是最常用的方法之一。这类作品适合从某一角度欣赏（正面），刻法较简单，类似于画画，一般用于装饰熟菜、果盘等，也可作为围边或是大型雕刻的扦插辅助件（图1）。

刻雕

刻雕是用刻刀在所选的雕刻原料的表层上雕刻出很细的图案形象。

凹雕

凹雕又称为阴文雕刻，是用专用雕刻刀具在食品雕刻原料的表层上挖刻，铲除原料而形成图案形象。

浮雕

浮雕又称为阳文雕刻或凸雕，是用专用雕刻刀具在食品雕刻原料上挖掉多余原料，所留的部分凸显成各种图案形象等，一般使用于表皮色彩较深的瓜果上。又分有阴纹浮雕和阳纹浮雕。阴纹浮雕是用"V"形刀，在原料表面插出"V"形的线条图案，此法在操作时较为方便。

1

2

3

4

阳纹浮雕是将画面之外的多余部分刻掉，留有"凸"形，高于表面的图案。这种方法比较费力，但效果很好。另外，阳纹浮雕还可根据画面的设计要求，逐层推进，以达到更高的艺术效果，适合于刻制亭台楼阁、人物、风景等，具有半立体、半浮雕的特点，难度和要求较高。采用浮雕方式将图形雕刻出来后，画面与底子的色彩反差大，因而形成雕刻艺术的美感，具有一定的版面趣味（图2）。

整雕

整雕又称为圆雕或立体雕刻，是将一个整体的食品雕刻原料用专用雕刻刀具雕刻出具有完整立体形象的图案形象，富于表现力和感染力。在雕刻技法上难度较大，要求也较高，具有真实感和使用性强等特点。这类作品可以从各个角度欣赏，艺术效果比较明显，适合于装饰冷菜、热菜、果盘等，也可以用来制作小展台（也叫花台），摆放在餐台中央供欣赏（图3）。

镂空雕

镂空雕是将原料用专用雕刻刀具镂空雕刻出图案形象，一般是在浮雕的基础上，将画面之外的多余部分刻透，以便更生动地表现出画面的图案，如西瓜灯等，既可欣赏，又可当做容器用来盛装各种菜品（图4）。

分雕整组

分雕整组是用几种原料或几个雕刻成型的部分共同组合成完整的食品雕刻作品。这种雕刻可大可小，应用灵活，可用于制作装饰凉菜、热菜、果盘等，也可用于制作大、中、小形展台。另外，将单独刻好的若干个小的作品按一定的构图方式组合在一起，形成一组大的、完整的作品，也叫分雕整组。

组合雕

组合雕是将几个独立成型的食品雕刻作品组合成统一和谐的艺术展品。组合雕一般用来制作大形展台，常出现于大型宴会上，独立摆放，专供欣赏。

突环雕

突环雕是凸雕、凹雕等雕刻方法结合，先在原料表面上雕刻出图案，再用起环、切割等方法，使图案线条有的突出，脱离原料表面，有的连接于原料表面，互相环连在一起。突环雕常用于瓜灯、锁链等的雕刻。

马蹄莲

原材料： 心里美萝卜1个、胡萝卜1节、蒜苗1根

工　具： 主刀、牙签

操作方法

① 将心里美萝卜切开，取一半削成卵形，切出2片薄片（图1）。

② 将胡萝卜剖成两半，用主刀各将一半胡萝卜削成一根长锥形的细棍，修整光滑，制成马蹄莲的肉穗花序（图2）。

③ 将心里美萝卜片左右两边合起来，围成马蹄莲形，用牙签戳串定型，并从底部的洞口处往里插入"花序"（图3、4、5、6）。

④ 将制好的马蹄莲花朵与切掉根部的蒜苗连接起来即成（图7、8）。

操作要领

花瓣略薄一点。

应用范围

作盘饰。

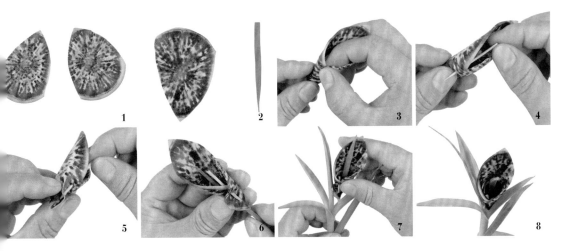

1　　　　2　　　　3　　　　4

5　　　　6　　　　7　　　　8

萝卜花

原材料： 白萝卜 1 节

工 具： 小号 U 形戳刀、主刀、牙签

操作方法

① 将白萝卜用主刀削去皮，修整光滑，制成花坯（图1）。

② 用小号 U 形戳刀在白萝卜上戳出一道道均匀的凸纹（图2）。

③ 用主刀在花坯任意处下刀，将凸纹旋削下来。旋削下来后，将凸纹均分成五份，每份卷成小卷，用牙签固定住，串成十字形即可（图3、4、5、6）。

操作要领

花瓣略薄一点，旋削时应尽量保持断裂。

应用范围

作盘饰。

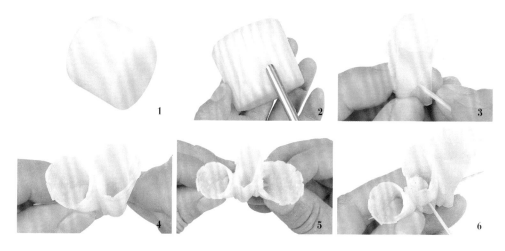

西红柿花

原材料: 西红柿 1 个

工 具: 主刀

操作方法

① 用主刀将西红柿从顶部一直旋削至底部（图 1、2、3）。

② 取西红柿皮，一圈一圈卷起来，注意卷的时候后一圈应略高于前一圈。卷好后即可摆盘，摆放时将最后一层西红柿皮拉低，压住尾端即可固定花形（图 4、5）。

操作要领

皮不可削得太薄，注意不要削断。

应用范围

作盘饰。

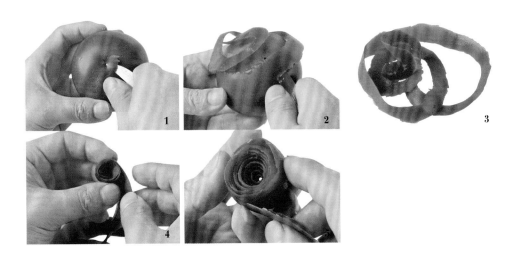

用寓意深远、形态逼真、刀工精湛的雕刻作品来点缀菜肴、装饰席面，不仅能烘托宴会主题、活跃宴会气氛，还能使宾主赏心悦目，得到艺术的享受。同时，雕刻作品也可以与菜肴相互配合，起到锦上添花的作用，使菜肴成为一个艺术佳品，能和菜肴在寓意上达到和谐统一。具体来说，食品雕刻具有以下四大功用。

① 摆在盘边或盘中，不与菜肴接触，起装饰作用，并弥补菜肴在颜色、形状上的某些不足，如牡丹花、月季花、小鸟、天鹅、鸳鸯、仙鹤等。作品一般形体小，色彩鲜艳。

② 刻成容器，消毒后用来盛装各种菜肴，如冬瓜盅、西瓜盅等。这类作品常用冬瓜、西瓜、南瓜、西葫芦、哈密瓜、橙子等刻成，一般不食用，但如果用西红柿、青椒、苦瓜、熟鸡蛋等刻成花筐、花篮、小罐等，装上肉馅、鱼茸、虾泥等，加热成熟后可与主料一同食用。

③ 作为菜肴主体外形的一部分，不能食用，却能使菜肴的形状完整、美观。这类作品，因为与食物直接接触，所以一定要处理得干净卫生，避免污染。

④ 独立摆放，专供欣赏，所以也叫展台或花台。通常摆放在餐台中央或餐厅某一显要位置。根据宴会的档次和规格，形体可大可小。题材上可以是龙、凤、孔雀等。

如何布置使用食品雕刻

　　食品雕刻的布置使用，可以提高菜肴的观感质量，美化宴会，提高宴席格调气氛。因此，根据特定的环境摆放布置，才能为宴席增添光彩。色彩造型要协调大方，组合、比例要参差适当，一切都是为整个宴会服务，不是为了雕刻而雕刻，不是为了展览雕刻作品，而是"从整体美出发"，这便是食品雕刻的布放宗旨。

① 一般说来，格调层次高的宴会可以多用些食品雕刻，反之则少用。高档次的宴会配以高雅、大型的食品雕刻，档次次之的可用中型看盘。再低一些的仅用简单的雕刻或者围边装饰即可。

② 要尽量选取与席面有关的象征性雕刻作品，以期得到入席者的共鸣。布置时应放置于显要地位，以适应和提高全体入席者的情绪。

③ 宴席所用的灯火、餐具、用具及菜肴的色彩都能给食品雕刻的布置带来影响。如果餐具与菜肴金碧辉煌，色彩偏于华丽，宜用素雅的食品雕刻；如果席面上的整体色彩偏于淡雅清素，则食品雕刻必须色彩鲜艳，明亮夺目。大型的组装雕刻应色彩淡一些，以免给人以沉闷感。此外，局部摆放要注意色彩的对比，如红色的菜宜用黄、白色的雕刻。

④ 色彩搭配可按季节的变化而做调整。如夏季可多用清淡的或偏冷调的颜色，少用红色，给人以素雅清爽的感觉；冬季则宜多用暖色，给人温馨和煦的感觉。

⑤ 在布盘布台时，要按档次使用，大型雕刻要居中居高，小型雕刻可居边居矮，一般不宜太密，要做到多而不乱，少而精彩，疏密相间，抑扬适当。

⑥ 食品雕刻的大型看台，一般贯穿于宴会的始终；看盘是开宴前布放，冷菜结束之前撤下；其他随菜肴而上的雕刻则随菜肴一起撤下。席面上使用时间较长的雕刻，可以用小刷刷一层薄薄的香油，起到防干保鲜的作用。

⑦ 食品雕刻的布置意在达到宴会应有的情绪、气氛，使之与人意相辅，方法是很多的，不宜死搬硬套，要注意整体的布放效果。

选题

选题即食品雕刻所选择的内容题材，选题应与宴席主题相吻合，要能恰到好处地烘托出宴席气氛。除考虑宴会性质外，还必须注意宾客的身份、国籍、民族和宗教信仰等诸因素。

选料

主题确定以后，应根据内容题材所表现的实体形象，选择质地、色泽、形态、大小等符合其造型要求的原料。选料时，首先要选取最重要的大型雕刻的原料，然后按照大小顺序依次选全原料。此外，所选原料要大小适中，不要浪费，但注意要稍有盈余，以免雕刻时出现待料停顿。选料时还要考虑色彩的搭配问题以及原料是否适宜雕刻等。

构思

原料确定以后，应根据主题需要进行整体布局设计，力争做到主次分明、主题突出。如果要选用较大型的题材，需先画出草稿，以利于实际操作。

雕刻

雕刻是各个步骤中最重要的一环，是实现构思设计的具体手段。雕刻时应先刻出大概轮廓，然后再雕刻具体部件，做到先整体、后局部、再细微。雕刻完成以后，如果作品需要几个部件进行组装，必须瞻前顾后，事前应对最后的组装加以通盘考虑，组装成型后再对拼接部位进行修饰加工，使之尽善尽美。如果是组合雕，应将独立成型的几个食品雕刻作品组合在一起，并加以修饰加工，以组成统一和谐的展品。

器物雕刻能用于围盘，点缀热菜、凉菜、果盘等，还可用来制作成各种规模的展台。

宝塔

原材料： 胡萝卜1根

工　具： 主刀、片刀、小号U形戳刀

操作方法

① **制作塔坯：** 取一根胡萝卜，用片刀将粗的一头切平，作为塔底。再用片刀将胡萝卜切出5个大小均匀的平面，修整平滑，制成塔坯（图1）。

② **确定塔层：** 用主刀将塔的基本层次（即塔的层数，一般为奇数层，本塔为7层）大致确定并勾勒出来，并在胡萝卜塔坯尖部留出大约2厘米左右的原坯做塔顶，塔坯底部留出大约1厘米的原坯做塔的底座。用主刀从下至上斜刻出塔的最高层的位置，在其下约0.5厘米处斜刻出另一圈直线轮廓，确定出塔檐。再向下确定出塔身的长度，刻出一圈直线轮廓。按照此方法，由上至下确定出每一层塔檐和塔身的位置（图2、3、4）。

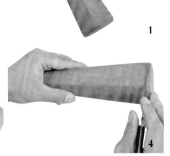

③ **雕刻塔身**：用主刀将每一层塔身削去几层坯料，剔去废料，修平整，雕刻出塔的形状（图5、6）。

④ **修饰塔顶**：用主刀切出塔顶的轮廓，呈窝窝头形；取小号U形戳刀将顶身戳成圆滑的佛珠形，并在顶身下戳出一圈凹痕，再用主刀修出尖顶（图7、8、9、10）。

⑤ **雕饰塔檐**：用主刀将每一片塔檐都斜切成凹面的花瓣形坯，剔去废料，并在每一片屋檐上纵向刻出若干条斜线（图11、12、13）。

⑥ **雕刻塔门**：分别用小号、中号、大号U形戳刀在塔身的每个平面上都戳出一道" n "形门，剔去废料，修饰成型（图14）。

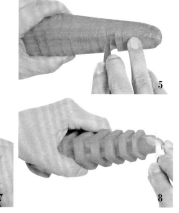

5

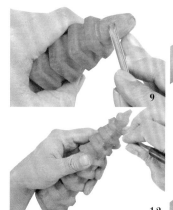

6

7

8

9

10

11

12

13

14

操作要领

每一层塔身都需比上一层塔身略高一点，以便体现出塔的层次感。

应用范围

作盘饰，制作展台。

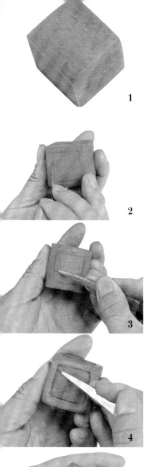

玲珑球

原材料：胡萝卜1根

工 具：主刀

操作方法

① 切取坯料：取一节两头大小相近的胡萝卜，用片刀切成一个边长约为6厘米左右的正方体（图1）。

② 制作初坯：在方坯的每个面上，用主刀围绕平面中心刻出一个相同大小的大正方形（正方形外需留出1厘米左右长的边距），并将这个正方形里的胡萝卜削掉一些，刻深边缘，制作成玲珑球的初坯（图2）。

③ 雕刻球面：左手握住方坯上，在刻出的大正方形里再围绕平面中心画出一个小正方形，用主刀削去小正方形和大正方形之间的余料，并将小正方形的平面修整成略向外凸出的圆球面（图3、4、5、6）。

④ 修整球体：将方坯里的圆球与外面的回形方笼切分开，并将切面修整光滑、圆润，逐步将大正方形里的余料修整成玲珑圆球（图7）。

⑤ 雕刻底座：取一节胡萝卜作玲珑球的底座，将较粗的一面削平作为底部，较小的一头作为顶部，摆在平面上。取一根牙签，一头穿入玲珑球中，另一头插入底座顶部，组合成型。

操作要领

圆球不能修得过小，以免从回形方笼里掉出来。

应用范围

作盘饰，制作展台。

寿桃

原材料: 心里美萝卜1个、苦瓜半个

工 具: 主刀

操作方法

① **雕刻桃叶:** 取苦瓜皮三块,用主刀将表面削平,切成椭圆形的叶片,并刻出叶子的纹路和锯齿边。将雕刻好的三片绿叶围摆在寿桃周围(图1)。

② **雕刻寿桃:** 将心里美萝卜去皮,削平根头;用主刀在根尖上削出一个尖头,并将尖头四周削去少许坯料,并用小号U形戳刀将整个萝卜戳圆滑,形成桃坯。在桃坯的一侧,用主刀从尖头处开始切入,沿桃坯的弧形向下切至桃坯底部,再将切口略微修宽并挖深,形成一条深V形的凹痕,剔去废料,修整成寿桃,即成(图2)。

应用范围

作盘饰,制作展台。

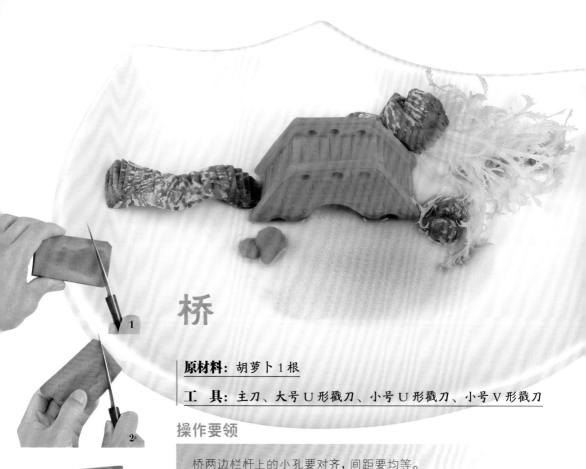

桥

原材料： 胡萝卜1根

工　具： 主刀、大号U形戳刀、小号U形戳刀、小号V形戳刀

操作要领

桥两边栏杆上的小孔要对齐，间距要均等。

应用范围

作盘饰，制作展台。

操作方法

① **制作初坯：** 取胡萝卜一根，切取粗头的一段，约7厘米长。用片刀将胡萝卜切成长方体块，再左右各切掉一块小三角块，改刀成梯形，修整光滑，制成桥坯（图1、2）。

② **雕刻大桥洞：** 左手拿住梯形桥坯，长底的一面在上，用大号U形戳刀在距离长底约1厘米处的梯形桥坯上下刀，戳出一个浅U形的大桥洞，并将其挖通至另一面，掏空中间的余料，剔去废料，修整光滑（图3、4）。

③ **雕刻小桥洞：** 在大桥洞的左右两边各用小号U形戳刀戳出一个小桥洞，挖通桥洞并将其掏空，剔去废料，并将三个桥洞的底边用小号U形戳刀戳成圆滑的曲线，修整光滑（图5）。

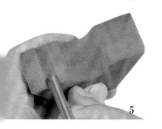

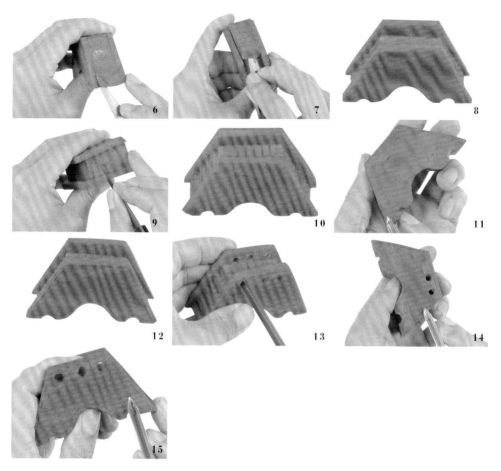

④ **雕刻栏杆**：左手握住桥坯，短底的一面朝上，用主刀在梯形桥坯的短底面、左侧面、右侧面各沿梯形的形状切去中间的一大段坯料，左右两边各留0.5厘米左右的宽度作为桥的栏杆，剔除废料，将桥坯修整光滑（图6、7、8）。

⑤ **雕刻桥面**：用主刀在桥面上用力均匀地划出若干条直线，并用小号U形戳刀戳出浅凹痕。在桥坯左右两边的平面上，用主刀斜切出若干条直线，并刻出斜凹痕，凹痕的深度随宽度递减，如此雕刻出阶梯状。将每一级阶梯削平，修整光滑（图9、10）。

⑥ **勾勒轮廓**：在梯形桥坯的正平面和背平面，用小号V形戳刀沿已修整出的桥坯形状在平面上用力戳出一圈轮廓，剔去废料（图11、12）。

⑦ **修饰栏杆**：用小号U形戳刀在桥面的两边栏杆上各戳出三个小孔，剔除废料，修整圆滑（图13）。

⑧ **修饰桥身**：在小孔以下的桥坯平面上，用小号V形戳刀戳出砖形图案，剔去废料，修整光滑（图14、15）。

🌸 选料原则及常用原料

在选择具体食品雕刻与围盘原料时，应注意以下几条原则：

① 要根据雕刻作品的主题来进行选择。

② 要根据季节来选择。

③ 选择的原料尤其是坚实部分，必须要无缝瑕、纤维整齐、细密、分量重、颜色纯正。因为食雕作品只有表面光洁，具有质感，才能使人感到它的美。

可做食品雕刻与围边的原料十分丰富，常用的有两大类：质地细密、坚实脆嫩、色泽纯正的各种瓜果蔬菜，常用来点缀装饰器皿；营养丰富、口味鲜美、品质柔韧的各种肉类熟食，这类原料在制法上要求更严格，不仅要注意卫生，还要求刀法精湛。但在实际运用中，最常用的还是前一类。

蔬菜

心里美萝卜：形体小，呈圆形，外皮青绿，内心紫红，肉质细嫩，适合雕刻各种复瓣花卉等。

青萝卜：体形较大，皮色青，肉呈绿色，网纹较细，质地脆嫩，适合刻制各种花卉及小鸟等小动物，或者风景建筑等，是比较理想的雕刻原料。春、秋、冬三季均可使用。

胡萝卜、水萝卜、莴笋：体形较小，颜色各异，适合刻制各种小型的花、鸟、鱼、虫、宝塔等（图1）。

白萝卜：皮色白，肉质细嫩且白，网纹细密，用途较广，可用于雕刻各种萝卜灯、人物、动物、花卉、盆景等（图2）。

马铃薯、红薯：呈椭圆形，质地细腻，可以刻制花卉、人物及小动物（图3）。

芋头：呈椭圆形且体形较大，可用来制作人物、景物等（图4）。

红菜头：色泽鲜红，体形近似圆形，因此适合雕刻各种花卉。

圣女果、西红柿：呈椭圆形或近似圆形，其色泽红润，适合制作一些灯笼、金鱼等，也可用于雕刻单瓣花朵，如荷花（图5）。

茄子：形状有圆形、椭圆形、梨形等，颜色有紫色、紫黑色、淡绿色、白色等，用法多样，可用于雕刻蝴蝶和粘花（图6）。

冬瓜、南瓜：内部都带瓤，可利用其外表的颜色和形态刻制各种浮雕图案，也可用于雕刻大型人物、动物及龙舟、瓜盅、瓜灯等（图7）。

黄瓜：可以用来雕刻昆虫、小型花朵，雕刻好后放在碟器周边，起到点缀及美化菜肴的作用（图8）。

菜瓜、丝瓜：均为长条形，色嫩绿，肉白色，可用于雕刻瓜灯或草虫（图9）。

辣椒：形体各异，并且具有多种亮丽色彩，适合制作成花卉和一些小型雕刻作品（图10）。

白菜、紫洋葱：这两种蔬菜用途较为狭窄，只能刻一些特定的花卉，如菊花、荷花等（图11）。

球形甘蓝：扁球形，肉质略粗，可用于雕刻各种鱼类，如鳜鱼。

茭白：皮绿色，肉白色，质地细嫩，可用于雕刻小型花朵，如白玉兰、百合花等。

芹菜：分为水芹和旱芹，叶子翠绿，多用于雕刻花卉的衬托（图12）。

荸荠：扁圆形，皮褐色，肉色洁白，质地脆嫩，可用于雕刻宝塔花等（图13）。

四季豆：长条形，皮色均为绿色，可用于雕刻小型花朵，如兰花等。

冬笋：圆锥形，肉色淡黄，质地脆嫩，可用于雕刻小型建筑，如宝塔、小船等。

生姜：造型独特，适合雕刻一些假山、猴子等（图14）。

大蒜：色泽洁白，适合制作一些莲藕、小花等。

15

16

水果

苹果：圆形，肉色淡黄，皮有红色、青色、黄色等，可用于雕刻小花盆、苹果盅及鸟类等（图15）。

西瓜：圆形或椭圆形，外皮光滑、有花纹，深绿色或嫩绿色，肉色红或黄。小西瓜适用于雕刻西瓜灯，大西瓜可用于雕刻瓜盅、龙舟等（图16）。

哈密瓜：多为椭圆形或橄榄形，颜色有果绿色、金黄色和花青色，果皮有网纹，瓜肉坚实，色泽浅黄，非常适用于雕刻瓜盅和切配花色果盘。

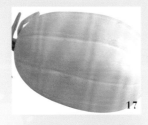

17

香瓜：椭圆形，外皮淡绿或淡黄色，肉微绿色，可雕刻瓜灯（图17）。

橙子：理想的食雕和果盘制作原料，形状美观、色泽艳丽，整雕可雕刻成花篮，切开可雕刻成各种花卉。

柚子：球形或近梨形，果实大，外皮为柠檬黄，果肉白色或红色，可利用其外观形态雕刻成竹篓等。

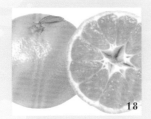

18

橘子：常用的水果原料之一，扁圆形，色泽金黄，可根据其外形雕刻成蟹篓、花篮等（图18）。

金桔：多为椭圆形，色金黄，可用于雕刻成各种小型花朵，也可直接用于装饰。

青柠檬：颜色碧绿，主要用来雕刻花卉或切成各种形状用于装饰果盘。

19

20

樱桃：椭圆形，色泽红亮，肉质细嫩，可雕刻成小型花朵，如红梅花（图19）。

草莓：外观呈心形，鲜美红嫩，果肉多汁，具有浓郁的水果芳香，主要用于食雕作品的装饰和果盘的制作（图20）。

猕猴桃：皮深褐色，果肉柔软甜美，将皮削掉，可切成各种形状，用于装饰果盘。

黑布李：黑紫色，可做成各种水果拼盘、甜点等。

21

白果：椭圆形，皮色淡黄，肉色黄绿透明，质地软嫩，可雕刻成小型花朵，如腊梅。

火龙果：去皮后可雕刻成花篮或者切成各种形状用于装饰（图21）。

青提：色绿，质地坚实，可用于各种果盘的使用和食雕作品的装饰。

红提：红色或紫红色，果皮中厚，易剥离，肉质坚实而脆，细嫩多汁，硬度大，刀切不流汁，香甜可口，可用于雕刻各种小花，也可直接用于装饰。

杨桃：横切面呈五角星形，一般取其特有的外切片作为装饰（图22）。

22

23

梨子：肉质脆嫩，可用于雕刻佛手、梨盅等（图23）。

红蛇果：外皮颜色红颜，是一种理想的配色原料，可切片摆成飞鸟的形状。

香蕉：可雕刻成香蕉船用来盛装其他水果（图24）。

甘蔗：外皮紫红，肉质甘甜多汁，可利用其特有的色泽作为食雕的辅助原料，如栏杆、底座等，也可雕刻成竹林等。

24

其他

蛋类：煮熟去壳的鸡蛋、鸭蛋，蛋白细嫩，可雕刻成花篮和小动物，如玉兔、小猪等；皮蛋去壳后蛋白呈褐色，质地软嫩，可雕刻成花盆等。用鸡蛋制成的蛋糕呈块状，色金黄，有韧性，可雕刻成各种花卉，如月季花、玫瑰花等。

熟瘦肉：熟瘦肉经冷冻后成硬块状，肉质板实，可雕刻成假山石等。

琼脂冻：用琼脂加适量水和色素，烧煮成液体状，再放入容器冷却成块状，可雕刻成大型建筑物和禽兽类，如奔马、飞鸟等。

黄油：一般选用加工好的动物黄油，具有较好的可塑性，成品光泽度好，表面细腻，可用于雕刻多种作品，尤其适合用于雕刻成人物。

围盘的概念与作用

围盘又称“镶边”“围边”，是指利用菜品主料之外的原料，通过切拼、配搭等加工方法组合成各类平面纹样图案，围于菜品四周或点缀于盘子的一角，以衬托菜品特色、美化装饰菜品的一种技法。其中，边花、角花及有些居中、有些偏于一边的局部装饰也称为点缀。

在菜品的制作过程中，围盘所占的比例不大，但作用却不小。即使是平平无奇的家常菜品，只要加上一道围盘或简单的点缀，就能使菜品瞬间具有整体美感，还能提升视觉效果，使菜品变得鲜艳、生动、诱人，起到锦上添花的作用。

围盘的种类

围盘常见的种类有围边式、局部式、对称式和中间式等四大类。

围边式

围边式又分为全围式和半围式两种。全围式是用加工好的装饰料围在菜品的四周，较适于圆盘的装饰，围出的菜品整洁、美观，但刀工要求较严。半围式是将装饰料半围在菜品旁，装饰料约占盘的三分之一，首要是运用某种主题和意象来美化菜品（图 1）。

1

局部式

局部式是指用各类蔬菜、水果加工成一定形状后，点缀在盘子一边或一角，以渲染气氛，衬托菜品。这类围边的特点是简洁明了、简单易做（图 2）。

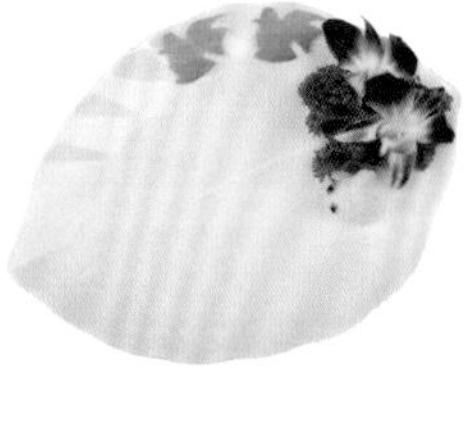

2

对称式

对称式是指用装饰料在盘中做出相对称的点缀物，适用于椭圆腰盘盛装菜肴时，其特点是对称、协调，简单易掌握，一般在盘子两头做出同样大小、同样色泽的花形即可。

中间式

中间式是在盘子中间用装饰料拼成花草或其他形状，使菜品变得更加美观（图 3）。

3

美轮美奂的围盘

The Fascinating Food Garnishing Craft

围盘是将食品原料通过简单的刀工改制，对菜肴进行点缀美化的一种方式。随着生活水平的日益提高，人们对饮食的要求除了美味之外，也开始注重视觉上的美观。因此，食品围盘艺术越来越受到人们的喜爱。本章精选了十二个围盘案例，制作步骤详细，图文对应，让读者在赏心阅读的同时学习到各式各样的围盘技巧。

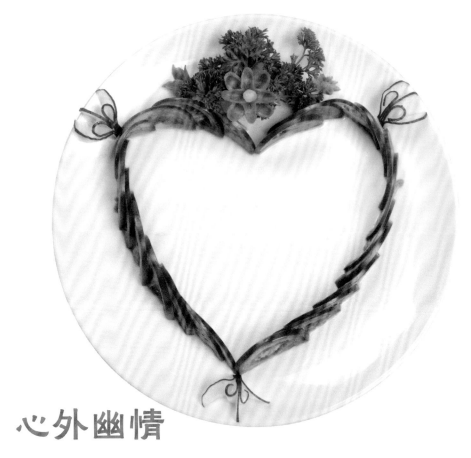

心外幽情

原材料： 西红柿、黄瓜、胡萝卜、白萝卜、番茜

工　具： 主刀、挖球器

操作方法

① 将西红柿带皮剖开，切成半圆片，逐片摆入盘中，围成一个"心"形（图1）。

② 将黄瓜剖开，切成小段，取三段制作成"凤尾"，分别摆在"心"的外沿（图2）。

③ 取少许番茜摆在心头处（图3）。

④ 将胡萝卜切取三段，按花卉的雕刻方法分别雕刻成"长寿花""荷花""紫荆花"的形状，摆入番茜中。取一节白萝卜，用挖球器从中挖出一个小圆球来，放在长寿花花蕊处，组合成型（图4）。

| 1 | 2 | 3 | 4 |

围盘在实际操作中应不断创新，但仍然有其需要遵守的应用原则。

第一，冷热菜的围盘应以菜品的特色为依据来制作，以菜品的主色调为主，同时要不影响菜品的原有风味。

① 菜品的色泽一般采用反衬法，如菜色为暖色，则围边应用冷色，以突出菜品本色。

② 看菜品成菜的形态，如碎形原料、条、块、片等，可采用全围点缀；而整形原料，如鸡、鱼、鸭或咸鸡腿、大虾等则可采用中间式、对称式或半围式。

③ 看菜品的品种，如汤菜可用能浮于汤面上的点缀物，而蒸菜、炒菜则可因菜而异。

④ 看菜品滋味，一般甜的菜品宜选用水果等甜味点缀物，煎炸菜应配爽口原料，麻辣味菜可以用味淡的点缀物。

第二，宴会菜品的点缀要依据宴会的档次、宴请的宾客以及详细的菜品等进行摆设。

① 家宴多为家常菜品，要用普通的原料点缀。

② 中档宴会的菜品比较讲究，要用特殊原料点缀，以免破坏整体气氛。

③ 考虑宾客的身份地位、风俗习惯、年龄等。

一枝独秀

原材料： 圣女果、西瓜皮、胡萝卜、南瓜藤、白菜、紫生菜

工　具： 主刀

操作方法

① 取一小片胡萝卜，削出一个尖头，摆入盘中。将圣女果切开，取半颗剖成两半，分摆在胡萝卜片的两边，露出尖头（图1）。

② 选一支细长的南瓜藤，摆放在圣女果下面，作为花枝（图2）。

③ 用主刀在西瓜皮上雕刻出三片绿叶，并画出叶子的纹络，剔去余料，修整成三片独立的叶子，分别摆放在"花枝"的两边（图3）。

④ 最后将一小片白菜叶铺在花枝底端，覆上紫甘蓝菜叶修饰，组合成型即可（图4）。

莺啼绿湖

原材料： 黄瓜、胡萝卜

工 具： 主刀、"黄莺"形模具、片刀

操作方法

① 将黄瓜用主刀切成月牙片，逐片立体摆入盘中，围成圆圈（图1）。

② 将胡萝卜切取中间一段，取"黄莺"形模具，在胡萝卜上印刻出黄莺的形状，取出成型后，用片刀片成五片，分别摆在黄瓜外缘，组合成型（图2、3）。

| 1 | 2 | 3 |

1

2

3

4

5

碧涧花明

原材料： 黄瓜1根、红尖椒1个、南瓜藤1长段、大蒜3瓣、番茜

工　具： 主刀

操作方法

① 取一节黄瓜，在瓜身上间隔刮去七条细皮，剖开，片成若干月牙片，摆在盘底部（图1）。

② 将红尖椒切成圈，取大小适中的3个圈摆在黄瓜片外围（图2）。

③ 取一长段南瓜藤（要有南瓜须的部分），作为花枝，摆在圆瓷盘右侧，与月牙片相接（图3）。

④ 取三瓣大蒜，去皮，用主刀将蒜瓣雕刻成花形，分别摆在南瓜须上（图4）。

⑤ 最后用番茜装饰，摆在南瓜藤边上，组合成型（图5）。

扇上花开

原材料： 皇帝菜、胡萝卜、心里美萝卜、黄瓜片

工　具： 主刀、大号V形戳刀、片刀

操作方法

① 选鲜嫩细小的皇帝菜叶少许，铺在扇形瓷盘的扇柄处（图1）。

② 将胡萝卜用主刀和大号V形戳刀雕刻成三朵简单的四瓣花，摆在菜叶上（图2）。

③ 将心里美萝卜去皮，取一大块切成半圆形，用片刀片成薄月牙片，取四片铺在扇形瓷盘的扇叶处（图3）。

④ 最后取黄瓜一小块，切出三片月牙片，逐个摆在萝卜片相交处，组合成型（图4）。

四瓣花的雕刻方法

取一节胡萝卜，用主刀切成正方体。在正方体的四个侧面分别雕刻出花瓣的形状（深V形），剔去余料，刻出四片花瓣，并将花瓣尖部略向外压一下。再用主刀切去花瓣层里余下的坯料，并用小号U形戳刀在坯料底部戳出一个圆形花蕊，剔除废料，修整成型，即可。

1

2

3

4

日照云松

原材料: 胡萝卜、心里美萝卜、黄瓜、圣女果、番茜

工 具: 主刀、片刀

操作方法

① 将胡萝卜切成不规则的小菱形片, 呈斜线逐片摆入盘中。再将心里美萝卜去皮, 用片刀切成薄月牙片, 取三片不完全地覆盖在胡萝卜片上, 露出菱形的一角 (图1)。

② 取少许番茜, 摆放在心里美萝卜片的一侧。再用胡萝卜雕刻出两朵简易的四瓣花, 摆放在番茜叶丛中 (图2)。

③ 将黄瓜削出两条边缘呈不规则的大波浪形绿皮,斜摆放在圆盘的右边, 作为树干 (图3)。

④ 取一节黄瓜, 在瓜身上间隔刮去七条细皮, 剖开, 片成若干薄月牙片, 交错叠放在两条黄瓜皮树干上, 摆成松树的造型。再切取圣女果一头上的一小块, 呈红日状, 摆在圆盘左上角, 组合成型 (图4)。

花团锦簇

原材料： 黄瓜、圣女果、胡萝卜、番茜、芹菜

工　具： 主刀、片刀、花形模具

操作方法

① 取黄瓜一小节，剖开，分成两块月牙环，用片刀片成连刀片，摆入圆盘一角（图1）。

② 取一颗圣女果，纵向剖开，分成两半，每半由外向内斜切出若干小块（切出的块以最中间单独的一块为轴，左右对称），切好后摆在黄瓜片的两边。再取一片胡萝卜，用主刀雕刻出四条波浪形细丝，分别摆在黄瓜片内侧（图2）。

③ 将番茜铺在黄瓜片外侧，取两根芹菜，朝两边不同的方向沿圆盘的弧度摆放在番茜的两边（图3）。

④ 取胡萝卜一小节，用花形模具印刻出花坯，用片刀片成五片，均匀地摆在圆盘未作装饰的一侧外缘处（图4）。

⑤ 另取4片芹菜叶，摆在胡萝卜花之间，略作修饰，组合成型（图5）。

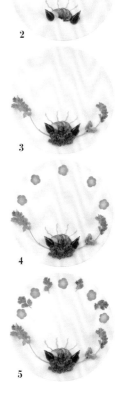

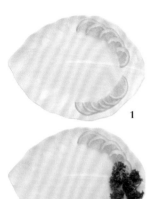

花枝招展

原材料： 黄柠檬、黄瓜、番茜、兰花

工　具： 主刀、片刀

操作方法

① 取黄柠檬一个，用片刀横向剖开，片成月牙片，叠铺在叶形瓷盘的两边（图1）。

② 将番茜铺在柠檬片之间（图2）。

③ 在番茜上摆上两朵兰花作为装饰（图3）。

④ 取黄瓜切成月牙片，铺在柠檬片内边处，组合成型（图4）。

半园闲情

原材料： 黄柠檬1个，黄瓜1根，胡萝卜1根，番茜适量，兰花

工 具： 片刀

1

2

3

4

操作方法

① 用片刀将黄柠檬横向剖开，片成月牙片，逐片叠铺在圆盘中，铺满大半个圆盘（图1）。

② 取黄瓜一节，用片刀片成若干月牙片，逐片叠铺在柠檬片的内侧，叠铺的长度与柠檬片一致，形成两个半圆状（图2）。

③ 取胡萝卜一长节，用片刀纵向剖开，片成约3毫米厚的月牙片，叠层立体摆放成一条直线，与黄瓜片的首尾连接起来（图3）。

④ 将备好的番茜铺在胡萝卜片的外侧中间处，表面再摆上两朵兰花，略作修饰，组合成型（图4）。

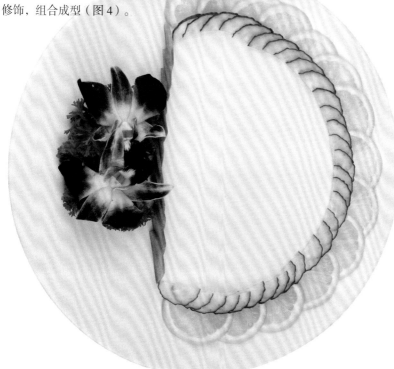

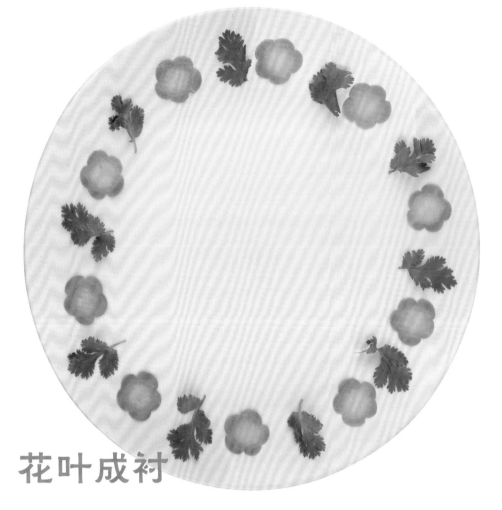

花叶成衬

原材料： 胡萝卜、香菜

工　具： 花形模具、片刀

操作方法

① 取一节胡萝卜，去皮，将花形模具放在胡萝卜横截面上，用力印刻出花坯，取下模具，将花坯用片刀切成片。取 10 片均匀地围在圆盘外缘上（图 1、2）。

② 取香菜叶若干，摘成小枝，逐个摆放在胡萝卜花之间，组合成型（图 3）。

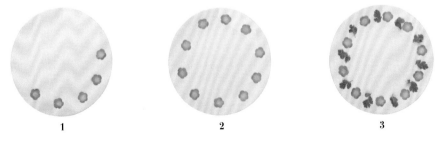

1　　　　　　　　2　　　　　　　　3

红蕖照水

原材料： 黄瓜、胡萝卜、圣女果、芹菜、番茜

工 具： 主刀、片刀

操作方法

① 取黄瓜一小节，剖开，分成两块月牙环，用片刀片成连刀片，摆入圆盘一角（图1）。

② 将番茜铺在黄瓜片外侧。用主刀取两小节胡萝卜雕刻成简易的四瓣花，插入番茜中（图2）。

③ 取两根芹菜，摘去尖部的嫩叶，留取枝头，朝同一方向沿圆盘的弧度摆放在黄瓜的右侧（图3）。

④ 取一颗圣女果，纵向剖开，分成两半，每半由外向内斜切出若干小块（切出的块以最中间单独的一块为轴，左右对称），切好后摆在芹菜的枝头上（图4）。

⑤ 取胡萝卜一长片，用主刀雕刻出5条波浪形的细丝，分别摆在黄瓜片内侧。组合成型（图5）。

1

2

3

4

5

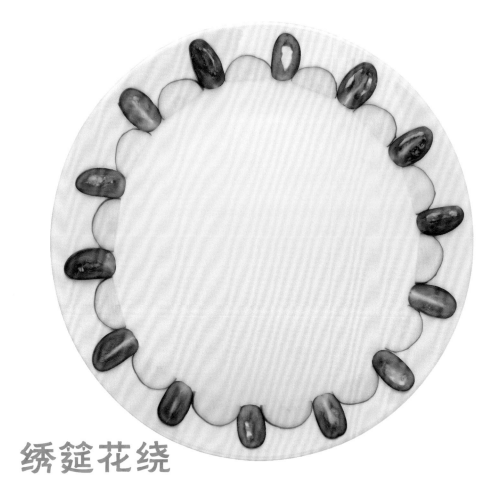

绣铤花绕

原材料： 圣女果、黄瓜

工　具： 片刀

操作方法

① 将圣女果用片刀片成若干片，沿圆盘均匀地摆放一圈（图1、2）。

② 取黄瓜一长节，用切刀片成薄月牙片，逐片摆在圣女果之间，环绕成型（图3）。

1　　　　　　　　　　2　　　　　　　　　　3

食雕与
围盘组合

Collection of Food Carving and
Garnishing Works

本章精选了十一个食雕与围盘组
合案例，制作步骤详细，图文并茂，
不仅赏心悦目，更让读者巩固食
雕与围盘技巧。

新阳斜暖江南树

原材料： 圣女果、胡萝卜、西瓜皮、心里美萝卜、番茜

工 具： 主刀

操作方法

① 取圣女果一颗，切下细的一头顶端的一块圆片，作为"红日"，摆在圆盘上部中间处（图1）。

② 取一片胡萝卜，切成丝，取十根作为"日光"围绕着"红日"摆出大半圈（图2）。

③ 取两片西瓜皮，将其用主刀雕刻成椰子叶的形状，相对摆放在"红日"右下方（图3）。

④ 将心里美萝卜切出两片，用主刀雕刻出两片上圆下尖的水滴形片，并将尖的一头朝上摆放在椰子叶下方。取一块长条形的西瓜皮，用主刀雕刻出一根上细下宽的长条，作为树干，将细的一头与椰子叶相接，组合成一棵椰子树（图4）。

⑤ 最后用番茜装饰，组合成型（图5）。

1

2

3

4

5

富贵国色花自芳

原材料： 甘蓝菜叶、心里美萝卜、番茜

工 具： 主刀、手刀、U形戳刀

操作方法

① 取一小张甘蓝菜叶摆入扇形瓷盘的扇柄处（图1）。

② 将番茜铺在甘蓝菜叶下端，遮住空白的瓷盘面（图2）。

③ 将心里美萝卜横向剖开，取其中一半，雕刻成"牡丹花"，摆在菜叶上，组合成型（图3）。

1

2

3

作品保存

食品雕刻与围盘的原料和成品，由于受到自身质地和水分的限制，如果保管不当的话极易变质。为了尽量延长其贮存和使用时间，可采用下面几种贮藏方法。

原料的保存：瓜果类原料多产于气候炎热的夏秋两季，宜将原料存放在空气湿润的阴凉处。萝卜、生姜等产于秋季，用于冬天，宜存放在地窖中，上面覆盖一层0.3米厚的砂土，以保持其水分，最长可存放至春天。

半成品的保存：将半成品用湿布或塑料布包好，置于凉处或冰箱内保鲜，以防止水分蒸发，以便下次使用及加工。

成品的保存：成品的保存方法有两种：

① 将雕刻与围边作品放入清凉的水中浸泡，或放少许白矾，以保持水的清洁，如发现水质变浑或有气泡，需及时换水。

② 将雕刻好的作品放入水中，或移入冰箱，以不结冰为好，并铺上干净的湿毛巾，以保证作品的表面有充足的水分。

注意事项

了解宴会主题：宴会的主题多种多样，可分为寿宴、喜宴、周岁宴、庆功宴、聚会宴、家宴、国宴、工作宴及大型酒会等。了解宴会主题，就可以刻制出与宴会主题相呼应的雕刻作品来烘托宴会气氛。

了解客人的风俗习惯：了解客人的风俗习惯也是需要做的功课，尤其是现代社会国际化程度越来越高，需要更多地了解不同国家和地区人民的生活习惯、风土人情、宗教信仰、喜好、忌讳等，以便因客则异。

主题突出：雕刻前应确定主题，并确保主题突出。附加作品不要牵强附会。

因材施艺：一般来讲原料的形状与作品的大体形态相近的话，雕刻起来就比较顺利。另外对一些形状奇特的雕刻原料，应充分发挥想象力，因材施艺。

注意卫生要求：食品雕刻的卫生尤其重要，因食品雕刻与围盘和菜肴配合十分紧密，同时也是宴会上菜前的"先行官"。

日出江花红胜火

原材料： 胡萝卜、心里美萝卜、黄瓜、番茜

工　具： 主刀、V形戳刀、片刀

操作方法

① 取一节胡萝卜，按照西番莲的雕刻方法，雕刻成一朵西番莲，摆放在圆盘上部的中间位置（图1）。

② 取三枝番茜摆放在西番莲的外侧和左右两边作为装饰（图2）。

③ 将心里美萝卜去皮，取少量切成细丝，铺在西番莲的内侧。将黄瓜切出两片圆片，用主刀切成连刀片，分别朝两个相反的方向用切口夹住圆盘两端的萝卜丝（图3）。

④ 将黄瓜切成若干月牙片，层叠立体摆放出一条弧线，头尾分别与连刀片相接，组合成型（图4）。

1

2

3

4

冰心玉湖莲花睡

原材料: 黄瓜、胡萝卜、红尖椒

工　具: 主刀、片刀、V形戳刀

操作方法

① 取黄瓜一长节,制成八个"凤尾"料花,逐个围绕圆盘中心摆成一圈(图1)。

② 取一节直径较大的胡萝卜,用戳刀戳出一朵睡莲花,摆放在"凤尾"中心(图2)。

③ 取细长的红尖椒一个,切成若干圈,取15个分成五组,每组三个,拼成"品"字形,间隔均匀地摆在圆盘边缘(图3)。

1　　　　　　　　2　　　　　　　　3

红衣绿妆芳菲艳

原材料： 西红柿、番茜

工　具： 主刀

操作方法

① 取西红柿一个，参照西红柿花的做法，将西红柿皮制作成西红柿花的形状，摆在方形瓷盘的一角。（图1）

② 将番茜逐一摆入瓷盘中，围绕在番茄花内侧，略作修饰，组合成型（图2、3）。

1　　　　　　　　2　　　　　　　　3

1

2

3

4

菊蕊盈枝篱边绕

原材料： 大白菜、皇帝菜、胡萝卜、黄瓜

工 具： 主刀、小号U形戳刀、片刀

操作方法

① 取一颗大白菜，按照白菊的雕刻方法，刻出一朵白菊花，摆在圆形瓷盘的上部（图1）。

② 在菊花与圆盘外缘相接的上、左、右三处地方，各铺上少许皇帝菜叶（图2）。

③ 将胡萝卜用片刀片成若干厚度约为3毫米的月牙片，叠层立放在白菊花的内侧摆成一条直线。用片刀将黄瓜片成若干月牙片，沿圆盘下部的盘缘摆满半圈，与摆好的胡萝卜片组合成一个半圆（图3）。

④ 取胡萝卜一小块，用主刀切成小菱形块，再用片刀片成7片，逐片摆放在黄瓜片相接处，组合成型（图4）。

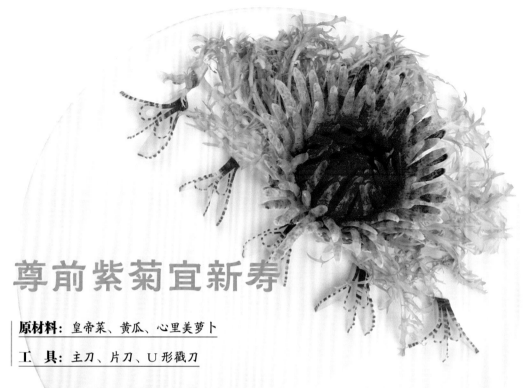

尊前紫菊宜新寿

原材料: 皇帝菜、黄瓜、心里美萝卜

工　具: 主刀、片刀、U形戳刀

操作方法

①取适量鲜嫩的皇帝菜叶分成两份,叶尖向外、叶梗向内且略向左偏地斜铺在圆形瓷盘一侧(图1)。

②取黄瓜一长节,制成"凤尾"料花,沿皇帝菜叶下方围出一条略弯的弧线(图2)。

③将心里美萝卜从中间横向剖开,取其中一半,用U形戳刀戳成一朵紫菊,摆在菜叶丛中,遮住叶梗,组合成型(图3)。

　　　　　　1　　　　　　　　　　　　　2　　　　　　　　　　　　　3

紫菊的雕刻方法

取心里美萝卜一个,去皮,修整成圆球形的花坯。用小号U形戳刀由上至下、由外向内逐层戳出长U形的条状花瓣。注意修饰菊花的层次感,戳最外两层花瓣时,戳刀刀口向外;戳里层的花瓣时,刀口向内,花心部分只需削低,戳出一层花瓣后将顶部修饰圆滑即可。

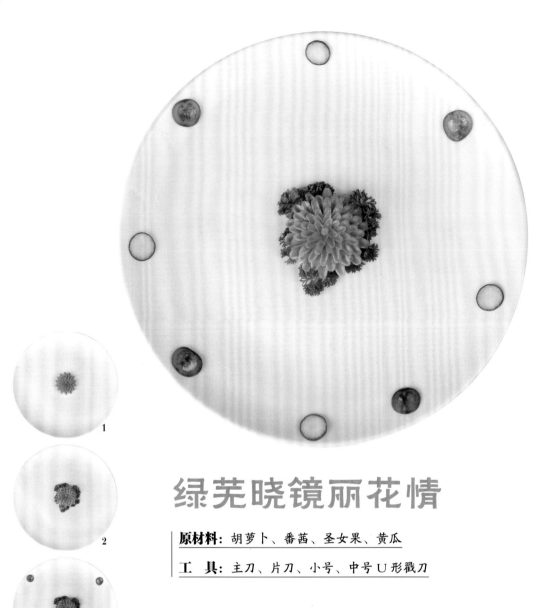

绿芜晓镜丽花情

原材料： 胡萝卜、番茜、圣女果、黄瓜

工　具： 主刀、片刀、小号、中号U形戳刀

操作方法

① 取一节直径较大的胡萝卜，按照大丽花的雕刻方法，雕刻成一朵大丽花，摆入圆形瓷盘中间（图1）。

② 将番茜环绕摆放在大丽花四周，略作装饰（图2）。

③ 取圣女果一颗，切成若干圆形片，取四片间隔均匀地分摆在瓷盘的空间四角上（图3）。

④ 取黄瓜一小节，用片刀切出四片圆片，分摆在圣女果中间，组合成型（图4）。

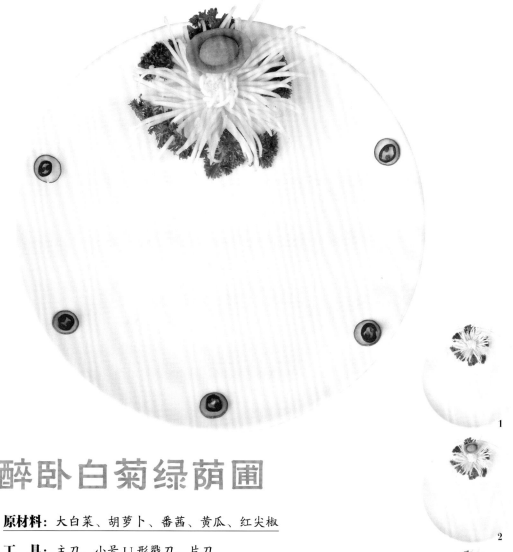

1

2

3

4

醉卧白菊绿荫圃

原材料： 大白菜、胡萝卜、番茜、黄瓜、红尖椒

工　具： 主刀、小号 U 形戳刀、片刀

操作方法

①取一颗大白菜，按白菊的雕刻方法雕刻成一朵白菊，摆放在圆形瓷盘的上部。并在白菊的四周铺上少许番茜，略作装饰（图1）。

②取一节胡萝卜，雕刻成元宝形，削薄底部，摆放在白菊上（图2）。

③取一小节黄瓜，用片刀切出五片圆形片，间隔均匀地摆放在空白的盘缘上（图3）。

④将红尖椒切成圈，取五圈摆放在圆盘里的黄瓜片上，组合成型（图4）。

篱落绿琼锁玫瑰

原材料: 南瓜、胡萝卜、番茜、芹菜、皇帝菜

工 具: 主刀

操作方法

① 取一大块南瓜,雕刻成玫瑰花花形,摆在圆形瓷盘左边(图1)。

② 将番茜铺在玫瑰花四周,并用少许皇帝菜略作点缀(图2)。

③ 将胡萝卜用片刀片成若干稍厚的连刀片,排列摆放在玫瑰花和番茜、皇帝菜叶外围,形成一条弧线(图3)。

④ 最后将两根芹菜沿圆盘的弧度摆放在玫瑰花的上部和下部,组合成型(图4)。

蔷薇花的雕刻方法

取一块方形南瓜,切去瓜皮、瓜瓤、瓜籽,修整成碗型花坯。用主刀在花坯侧面刻出五片蔷薇花花瓣的轮廓,并沿轮廓雕刻出第一层花瓣,切去余料,剔除废料。将第一层花瓣里的花坯修整光滑,在花坯侧面雕刻出第二层的五片蔷薇花花瓣轮廓,沿轮廓雕刻出第二层花瓣,切去余料,剔除废料。依此方法,刻出第三层的五片蔷薇花花瓣。将第三层花瓣里的花坯修整光滑,在花坯侧面雕刻出第四层的四片蔷薇花花瓣轮廓,沿轮廓雕刻出第四层花瓣,切去余料,剔除废料。将第四层花瓣里的花坯修整光滑,在花坯侧面雕刻出第五层的三片蔷薇花花瓣轮廓,沿轮廓雕刻出第五层花瓣,切去余料,剔除废料。将第五层花瓣里的花坯修整圆滑,从中切开,制成花心。最后将整朵蔷薇花略作修整,即成。雕刻时注意后一层花瓣与前一层应错开。

绿波漾水绕红菱

原材料： 心里美萝卜、黄瓜、番茜

工　具： 主刀、大号、中号、小号U形戳刀、片刀

操作方法

① 用心里美萝卜雕刻成一朵红菱花，摆在圆盘中间（图1）。

② 取番茜紧密地围在红菱花四周，作为装饰（图2）。

③ 将黄瓜用片刀片成若干月牙片，分成两份，叠层立体摆放在番茜左右两边，呈两条方向相反的大波浪线（图3）。

红菱花的雕刻方法

这朵红菱花与花卉雕刻中的大丽花雕刻方法相同，但造型略有不同，且花瓣的形状更圆润，花瓣层更密集。需要在制作花坯时将心里美萝卜的外皮削得薄一点，留出一层白色的内皮，这样戳出来的花瓣边缘就会呈白色，十分漂亮。另外，在雕刻最里面一层花瓣时，将戳刀刀口向外，由上至下斜戳出一圈紧密相连的花瓣；雕刻花心时，也按此方法，在花坯上戳出一圈向外的凹痕，并在花心的花坯顶端，左右两边各斜戳出一块坯料，剔去废料，让花心的中间部分凸出即可。

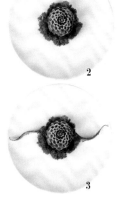

1

2

3

图书在版编目（CIP）数据

跟我学：食雕与围盘 I ／ 甘智荣主编. -- 成
都：四川科学技术出版社, 2013.9
　ISBN 978-7-5364-7673-8
　Ⅰ. ①跟… Ⅱ. ①甘… Ⅲ. ①食品雕刻 Ⅳ.
①TS972.114
　中国版本图书馆CIP数据核字(2013)第119795号

跟我学：食雕与围盘 I

出　品　人	钱丹凝
编　著　者	甘智荣
责　任　编　辑	李　红
封　面　设　计	◎中映良品（0755）26740502
责　任　出　版	周红君
出　版　发　行	四川出版集团 • 四川科学技术出版社
	地址：四川省成都市三洞桥路12号　邮政编码：610031
	网址：www.sckjs.com　传真：028-87734039
成　品　尺　寸	230mm×170mm
印　　　张	6
字　　　数	120千字
印　　　刷	深圳市华信图文印务有限公司
版次/印次	2013年9月第1版　2013年9月第1次印刷
定　　　价	25.00元

ISBN 978-7-5364-7673-8